PARIS
LIBRAIRIE HACHETTE ET Cie

DAVID LIVINGSTONE

VOYAGES D'EXPLORATION

AU ZAMBÈZE ET DANS L'AFRIQUE CENTRALE

1840—1873

DAVID LIVINGSTONE

BIBLIOTHÈQUE
DE LECTURE DES ÉCOLES ET DES FAMILLES

DAVID LIVINGSTONE

VOYAGES D'EXPLORATION

AU ZAMBÈZE ET DANS L'AFRIQUE CENTRALE

1840—1873

ABRÉGÉS PAR H. VATTEMARE

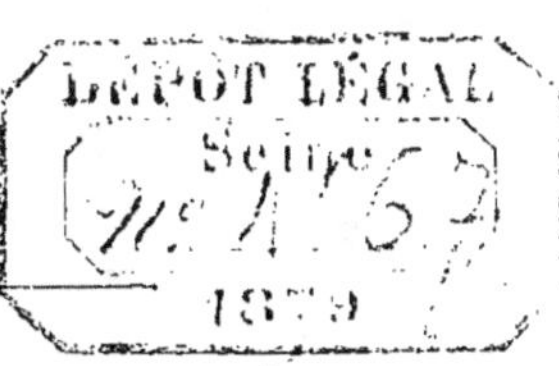

PARIS

LIBRAIRIE HACHETTE ET CIE

79, BOULEVARD SAINT-GERMAIN, 79

1879

PARIS. — IMPRIMERIE ÉMILE MARTINET, RUE MIGNON, 2.

AVANT-PROPOS

De tous les voyageurs anciens et modernes, il n'en est
pas peut-être qui ait été, de son vivant, et qui restera,
dans l'avenir, plus admiré et plus respecté que le docteur Livingstone.

Cette admiration et ce respect lui sont dus non pas
tant pour les découvertes géographiques dont il a été
l'auteur et, après sa mort, la cause première, mais surtout en raison du sentiment chrétien qui l'a porté à en-
treprendre et à poursuivre une carrière toute de dévouement, de courage et d'abnégation. C'est vraiment
de lui que l'on peut dire : Il a passé en faisant le bien.

Pour la plupart, les explorateurs ont été entraînés à
leur vie aventureuse par l'attrait de l'inconnu, par l'a-
mour de la science, par une curiosité fort louable, il
faut le reconnaître ; Livingstone, lui, n'a obéi qu'à un
pur instinct de charité évangélique. Ému du triste sort,
de l'abjection intellectuelle et morale des tribus africaines, il a voulu leur porter la bonne nouvelle et tenter
leur régénération. Et c'est pour donner à sa parole plus

d'autorité, à ses enseignements plus de puissance, qu'il s'engagea dans les ordres sacrés et devint un apôtre dans la large acception du mot.

David Livingstone est né le 19 mars 1813, à Blantyre, dans le comté de Lanark, en Écosse. Son père, attaché à une importante filature de coton de la ville, l'y fit entrer, à l'âge de dix ans, en qualité de rattacheur. Sur les gains de sa première semaine, il acheta une grammaire et se livra assidûment à l'étude, travaillant toujours et partout, à l'atelier comme à la maison paternelle, suivant les cours d'une école du soir, en un mot, aspirant l'instruction à toutes ses sources, et avec une ardeur qui ne se ralentit jamais.

Il continuait ses études pendant les heures qu'il passait à la filature, en plaçant son livre sur le métier, de manière à saisir les phrases les unes après les autres, tout en marchant pour faire sa besogne. Il étudiait ainsi constamment sans être troublé par le bruit des machines; c'est à cela qu'il dut la faculté de s'abstraire complètement du bruit que l'on faisait à côté de lui, et de pouvoir lire et écrire tout à son aise au milieu d'enfants jouant, ou bien dans une réunion de sauvages dansant et hurlant. A dix-neuf ans il devint fileur et eut un métier à conduire. Il était payé en proportion de la peine qu'il avait, et cela le mit à même de passer l'hiver à Glasgow, de s'y suffire et d'y poursuivre ses études.

C'est ainsi qu'il apprit le latin, le grec, la botanique, la géologie et la philosophie. « *La Philosophie de la religion et la vie future*, par Th. Dicks, dit-il lui-même, me confirma dans l'idée que la religion et la science, loin d'être hostiles l'une à l'autre, se soutiennent mutuellement. »

Livingstone tout entier est dans cette réflexion. La lumière qu'elle fit jaillir dans son esprit décida du reste de son existence. Missionnaire et savant, telle était sa vocation, et il s'y abandonna avec l'enthousiasme et l'énergie qui faisaient le fond de son caractère.

A vingt-sept ans, reçu docteur en médecine, ayant terminé ses études théologiques, il se trouva prêt à aborder la voie qu'il s'était tracée et que, pendant une longue période de trente-trois ans, il ne devait plus abandonner.

Pionnier de la civilisation, il est mort à ce qu'il considérait comme son poste d'honneur, épuisé par les fatigues, miné par ce terrible climat d'Afrique auquel les Européens ne résistent que par miracle. Son corps, pieusement rapporté dans sa patrie, y a été recueilli avec des honneurs bien mérités. Il repose aujourd'hui dans l'abbaye de Westminster, au milieu des grands hommes dont s'honore et se glorifie le plus l'Angleterre.

Mais les personnages comme Livingstone n'ont pas de patrie; ils appartiennent à l'humanité tout entière, en raison du dévouement qu'ils lui ont témoigné, de la vie qu'ils lui ont sacrifiée. Et, dès aujourd'hui, cette noble figure est environnée d'un nimbe éblouissant que l'avenir ne saurait obscurcir.

HIPPOLYTE VATTEMARE.

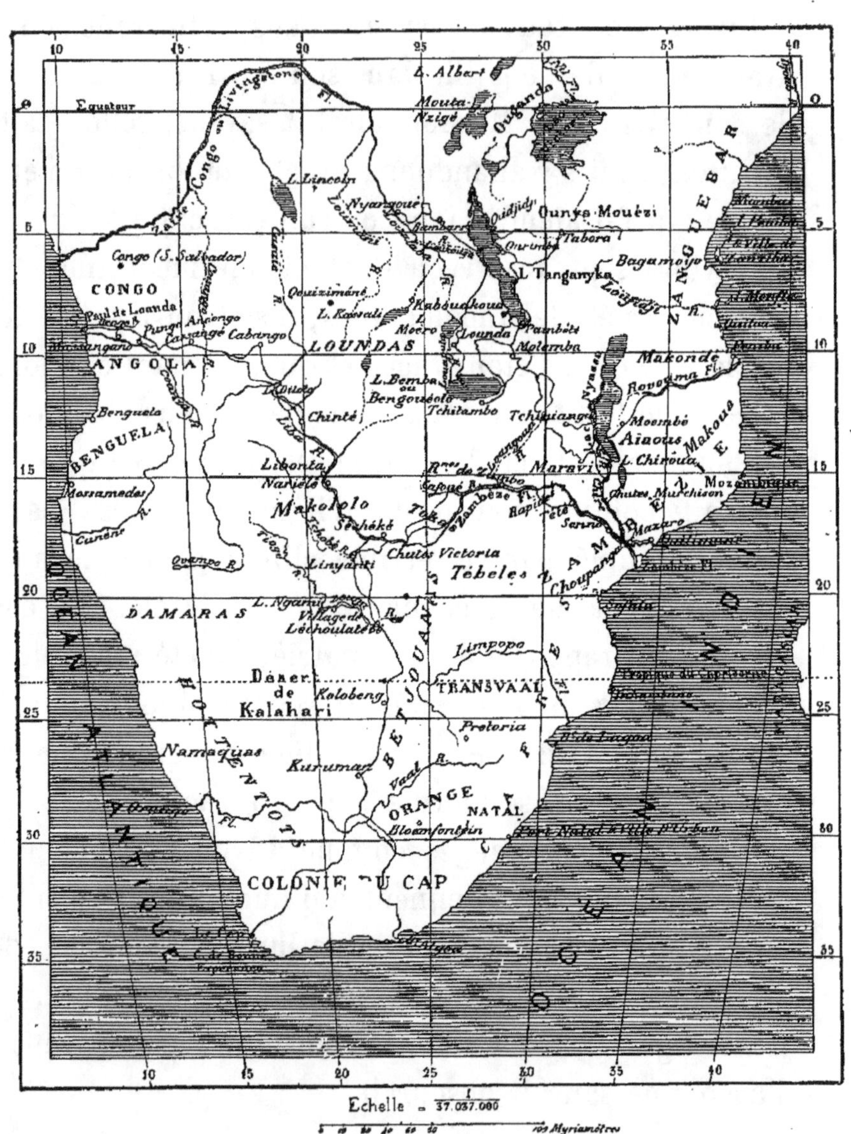

CARTE POUR L'INTELLIGENCE DES VOYAGES DE LIVINGSTONE.

DAVID LIVINGSTONE

L'AFRIQUE AUSTRALE

LE BASSIN DU ZAMBÈZE

(1840 — 1864)

C'est en 1840 que, ses études de médecine et de théologie terminées et ses grades obtenus, Livingstone s'embarqua pour le Cap de Bonne-Espérance, où il arriva après un voyage de trois mois.

Les instructions qu'il avait reçues de la Société des missions de Londres lui enjoignant de se diriger vers le nord, il se rendit à Kuruman, la station des missions la plus éloignée du Cap.

Cette mission avait été fondée, au commencement de ce siècle, par le Révérend Moffat, dont Livingstone épousa la fille.

Il se rendit ensuite à Chocouané, résidence d'un chef d'une tribu de Betjouanas, nommé Séchéli, homme intelligent qui devint vite l'ami du docteur.

Le grand-père de Séchéli, Mochoasélé, avait, le premier de sa race, connu, dans ses nombreux voyages, l'existence des hommes blancs. Son père, appelé aussi Mochoasélé, était mort assassiné par ses sujets. Séchéli, alors enfant, avait, plus tard, dû la restauration de son pouvoir à l'intervention d'un chef nommé Sébitouané, qui vivait alors dans ces parages.

Séchéli épousa les filles de trois de ses chefs subalternes, qui, en raison du lien de parenté dont ils étaient unis à lui, ne l'avaient point abandonné pendant les mauvais jours.

Cet usage est l'un de ceux qu'on emploie pour cimenter l'union de la tribu, dont le patriarcat est la forme gouvernementale : chaque homme, en vertu de sa paternité, est le chef de ses enfants ; ceux-ci bâtissent leurs cases à l'entour de la sienne, et plus sa famille est nombreuse, plus son importance est grande ; d'où il résulte que l'on se réjouit de la naissance des enfants et qu'on les traite avec bonté.

Au centre de chaque cercle de huttes se trouve une place, ayant un foyer, et qui s'appelle ici la *cotla* : c'est l'endroit où tous les membres de la famille se rassemblent ; ils y travaillent, y prennent leurs repas, et s'y racontent toutes les nouvelles du jour. Un pauvre s'attache à la cotla d'un riche ; dès lors il est considéré comme faisant partie de la famille. Un sous-chef a un certain nombre de cotlas autour de la sienne ; et la réunion de toutes ces cotlas, dont celle du chef principal forme le centre, constitue la cité. Le cercle de huttes qui entoure immédiatement la cotla du chef est occupé par ses femmes et par tous ceux qui ont avec lui quelque lien de parenté ; il attache les sous-chefs à sa personne et à son gouvernement par des alliances avec leurs filles qu'il épouse, comme le fit Séchéli, ou qu'il fait épouser à ses frères.

Les gens riches du pays tiennent beaucoup à être alliés à de grandes familles : si l'on rencontre des étrangers, et que les serviteurs de l'homme principal de la bande n'aient pas tout d'abord proclamé la parenté de celui-ci avec l'oncle de tel ou tel chef, le maître leur dit tout bas : « Apprenez-lui qui nous sommes. » Le serviteur commence alors, en comptant sur ses doigts, l'explication de l'arbre généalogique de son maître, explication qui se termine par cette nouvelle importante que le chef de la caravane est le demi-cousin de tel ou tel personnage illustre.

Plusieurs mois après, Livingstone s'installa à Lépépolé (aujourd'hui Litoubarouba), à vingt-quatre kilomètres environ de Chocouané.

Le premier nom de Lépépolé, donné à cette localité, vient d'une caverne voisine, témoignage de l'existence d'une fontaine qui s'est desséchée comme tant d'autres. Dans le pays, elle passait pour servir d'habitation à la divinité; personne n'osait y pénétrer; c'était un motif pour que le docteur en fît la visite.

Aussi, dans le mois de décembre 1842, malgré les vieillards qui affirmaient que pas un de ceux qui l'avaient essayé n'avait reparu sur la terre, il tenta l'aventure. « Si le docteur est assez fou, disait-on, pour vouloir sa propre mort, qu'il y aille mourir tout seul; personne, au moins, ne pourra nous en blâmer. »

Toutefois Séchéli déclara qu'il le suivrait partout, ce qui produisit dans le pays la plus grande consternation.

Il est étrange que les Betjouanas se soient toujours figuré la divinité boiteuse, comme le dieu Thau des Égyptiens.

Supposant que les explorateurs de la caverne qui n'avaient jamais reparu avaient pu tomber dans quelque précipice, les visiteurs firent provision de lumières, et, pourvus d'une échelle, de perches et de cordes, se dirigèrent vers le but de leur expédition. On trouva tout simplement une cave ayant environ trois mètres carrés d'ouverture, et ne présentant plus ensuite que les deux lits creusés jadis par les deux branches du ruisseau qui provenait de la fontaine. Il est probable que Lépépolé n'a jamais eu d'autres habitants que des babouins.

Livingstone passa un certain temps à Lépépolé, absolument isolé des Européens, afin de se perfectionner dans la connaissance des mœurs, de la législation et du langage de cette partie de la nation des Betjouanas qui forme la tribu des Bakouains.

En 1843, il se trouvait dans la belle vallée de Mabotsa, qu'il avait choisie pour y établir une mission.

C'est là que lui arriva un accident qui faillit mettre un terme à ses pérégrinations.

Des lions inquiétaient vivement la population de Mabotsa; ils pénétraient la nuit dans l'endroit où les bestiaux étaient enfermés et dévoraient les vaches. Ils attaquaient même les troupeaux en plein jour : ce qui est tellement éloigné de leurs habitudes que les indigènes s'imaginèrent qu'on leur avait jeté un sort et qu'ils avaient été, suivant leurs propres termes, « livrés au pouvoir des lions par une tribu voisine. » Ils avaient bien essayé, une fois, de se délivrer de ces animaux en les détruisant; mais, beaucoup moins braves que les Betjouanas ne le sont en pareille occurrence, ils étaient rentrés chez eux sans avoir attaqué un seul de leurs ennemis.

Il est avéré que si l'on tue un des lions qui font partie d'une troupe, les autres, profitant de l'avis qui leur est donné, abandonnent les lieux où ils ont été chassés.

Lors donc que le bétail des indigènes fut attaqué de nouveau, le docteur accompagna les hommes de la tribu, afin de les encourager à se débarrasser des maraudeurs. Il trouva les lions sur une colline boisée, ayant à peu près quatre cents mètres de longueur; ses compagnons se disposèrent en cercle et gravirent la colline en se rapprochant de plus en plus les uns des autres.

Resté dans la plaine avec un indigène appelé Mébalué, qui était maître d'école et le plus excellent des hommes, il vit l'un des lions posé sur un quartier de roche qu'entourait le cercle des chasseurs, actuellement fermé de toute part. Mébalué tira son coup de fusil avant lui, et la balle atteignit le rocher où l'animal était assis. Le lion mordit l'endroit que le projectile avait frappé, comme un chien mord la pierre où le bâton qui lui est jeté ; puis, s'enfuyant d'un bond, il franchit le cercle d'hommes qui s'ouvrit à son approche, et il s'échappa sans blessure : les chasseurs n'avaient pas osé l'attaquer, peut-être à cause de leur foi dans le sortilège dont ils se croyaient victimes.

Le cercle fut bientôt reformé ; deux autres lions y apparurent ; mais cette fois on n'osa pas tirer, dans la crainte de frapper l'un des hommes qui les entouraient et qui leur permirent encore de s'enfuir sains et saufs.

Si les indigènes avaient agi selon la coutume de leur pays, les lions auraient tous été tués à coups de lance au moment où ils essayaient de s'échapper ; mais les chasseurs ne firent pas usage de leurs armes. Voyant qu'on ne pourrait pas les décider à l'attaque, on reprenait le chemin du village, lorsque, en tournant la colline, le docteur aperçut un des lions posé sur un quartier de roche comme le premier qu'il avait vu, mais cette fois tapi derrière un buisson. Il était à environ trente pas de l'animal ; il le visa attentivement au corps, à travers les broussailles, et déchargea ses deux coups.

« Il est touché ! il est touché ! » s'écrièrent les naturels. « Un autre l'a frappé également, allons à lui ! » répondirent quelques-uns des chasseurs.

Il n'avait vu personne tirer en même temps que lui ; mais derrière le hallier il apercevait la queue du lion dressée avec colère. Se retournant vers ceux qui accouraient, il leur dit d'attendre au moins qu'il eût rechargé son fusil. Pendant qu'il enfonçait les balles, il entendit pousser un cri de terreur ; il tressaillit, et, levant les yeux, il vit le lion qui s'élançait sur lui. Il se trouvait sur une petite éminence : le lion le saisit à l'épaule et tous deux roulèrent jusqu'au bas du coteau.

Ici, il faut laisser parler Livingstone.

« Rugissant à mon oreille d'une horrible façon, il m'agita

vivement, comme un terrier le fait d'un rat. La secousse me plongea dans cette sorte d'engourdissement où l'on n'éprouve ni le sentiment de l'effroi ni celui de la douleur, quoique l'on ait parfaitement conscience de tout ce qui arrive : un état semblable à celui des patients qui, sous l'influence du chloroforme, voient tous les détails de l'opération, mais ne sentent pas l'instrument du chirurgien. Ceci n'est le résultat d'aucun effet moral; la secousse anéantit la crainte et paralyse tout sentiment d'horreur, tandis qu'on regarde l'animal en face. Cette condition particulière est sans doute produite chez tous les animaux qui servent de proie aux carnivores; et c'est une preuve de la bonté généreuse du Créateur, qui a voulu leur rendre moins affreuses les angoisses de la mort.

« Le lion avait une de ses pattes sur le derrière de ma tête; en cherchant à me dégager de cette pression, je me retournai, et je vis le regard de l'animal dirigé vers Mébalué, qui le visait à une distance de quinze pas. Le fusil du maître d'école, un fusil à pierre, rata des deux côtés. Le lion me quitta immédiatement, se jeta sur Mébalué et le mordit à la cuisse. Un individu, à qui j'avais sauvé la vie dans une rencontre avec un buffle qui l'avait jeté en l'air, essaya de donner un coup de lance au lion pendant que celui-ci attaquait Mébalué. L'animal, abandonnant alors le maître d'école, saisit cet homme par l'épaule; mais, au même instant, les balles qu'il avait reçues produisant leur effet, il tomba mort. Tout cela n'avait duré qu'un moment et devait avoir eu lieu pendant le paroxysme de rage qu'avait causé l'agonie. Non seulement j'avais eu l'humérus complètement écrasé, mais j'avais encore été mordu onze fois à la partie supérieure du bras. »

Quand il fut guéri de ses blessures, Livingstone alla retrouver Séchéli qui, d'après ses conseils, émigra sur la Colobeng, cours d'eau situé à une soixantaine de kilomètres. Le docteur s'y établit avec lui, apprit à forger, à charpenter, à jardiner; de son côté, madame Livingstone, qui n'avait

LIVINGSTONE TERRASSÉ PAR UN LION.

pas quitté son mari, faisait des vêtements, du savon et de la
chandelle; de sorte, dit Livingstone, qu'à eux deux ils réu-
nissaient à peu près tous les talents indispensables à une
famille de missionnaires installés au centre de l'Afrique.

Livingstone employait les loisirs que lui laissait cet appren-
tissage à apprendre à Séchéli à lire et à compter et à le con-
vertir au christianisme.

Il y avait déjà quelque temps qu'il en faisait profession,
lorsqu'il réclama le baptême. Le docteur lui demanda de
quelle façon il croyait devoir agir, maintenant qu'il avait la
Bible entre les mains et qu'il pouvait en faire la lecture. Il
retourna chez lui, donna des vêtements neufs à ses femmes,
ainsi que tous les objets qui garnissaient leurs cases, et les
renvoya chez leurs parents avec la déclaration expresse qu'il
n'avait rien à leur reprocher, et qu'il ne se séparait d'elles
que pour se conformer à la volonté de Dieu.

Le jour où il se fit baptiser, avec ses enfants, un grand
nombre de personnes assistèrent à la cérémonie. Quelques-
unes croyaient, d'après une calomnie qu'avaient répandue
dans le sud les ennemis du christianisme, qu'en pareil cas
on faisait boire aux convertis une infusion de cervelles d'hommes morts; elles furent très étonnées de voir que l'eau seule
était employée dans le baptême.

Ayant aperçu des vieillards qui pleuraient pendant tout le
temps du service, Livingstone leur demanda, en sortant, quelle
avait été la cause de leur chagrin : ils pleuraient de voir leur père
s'abandonner lui-même, comme disent les Écossais à propos
d'un suicide, et ils paraissaient croire qu'il avait usé de magie
à son égard pour s'emparer de son esprit et de son cœur.

C'est alors que commença une opposition que le docteur
n'avait jamais éprouvée: tous les amis des femmes divor-
cées protestèrent contre la nouvelle religion, et l'on ne
vit plus à l'église que les membres de la famille du chef et
quelques autres personnes. Les habitants persévéraient dans

leur bienveillance respectueuse ; mais Séchéli avouait qu'ils lui disaient de ces choses qui, autrefois, si on avait osé les lui faire entendre, auraient coûté la vie à leurs auteurs.

Cette année, la sécheresse se prolongea plus longtemps que d'habitude et la conduite des naturels fut vraiment digne d'éloges : les femmes échangèrent leurs parures contre du maïs acheté à des tribus plus heureuses, les enfants se mirent en quête des racines comestibles que produit le pays et les hommes passèrent leur temps à la chasse.

Un grand nombre de buffles, de zèbres, de girafes, de rhinocéros, d'antilopes, venaient boire à quelques fontaines voisines de la Colobeng. On construisit, dans les terres environnantes, un piége que, dans ce pays, on nomme *hopo*.

Ce piége consiste en deux haies se rapprochant l'une de l'autre comme pour former un V ; très épaisses et très hautes au sommet de l'angle, au lieu de se rejoindre complétement, elles se prolongent en droite ligne, de manière à former une allée d'environ cinquante pas de longueur, aboutissant à une fosse de trois à quatre mètres carrés et de deux mètres et demi de profondeur. Des troncs d'arbres sont placés en travers sur les bords de la fosse, principalement sur le côté par lequel les animaux doivent arriver et sur celui qui est en face et par où ils cherchent à s'échapper. Ces arbres forment, au-dessus de la fosse, un rebord avancé qui rend la fuite presque impossible ; le tout est recouvert de joncs dissimulant le piége et lui donnant l'apparence d'un trébuchet posé dans l'herbe. Comme les deux haies ont souvent seize cents mètres de longueur et que la base du triangle qu'elles décrivent est à peu près de la même dimension, une tribu qui forme autour du *hopo* un cercle de quatre ou six kilomètres de circonférence, se resserrant peu à peu, est certaine d'englober une grande quantité de gibier.

Les chasseurs dirigent par leurs cris les animaux qu'ils entourent et les font arriver au sommet du *hopo*. Des hommes, cachés en cet endroit, jettent leurs javelines au milieu de la troupe effrayée qui, se précipitant par la seule ouverture qu'elle rencontre, s'engage dans l'étroite allée aboutissant à la fosse. Les animaux y tombent l'un après l'autre, jusqu'à ce que le piège soit rempli d'une masse vivante qui permet aux derniers de s'enfuir en passant sur le corps des victimes. C'est un spectacle effroyable : les chasseurs, enivrés par la poursuite et ne se possédant plus, frappent ces animaux avec une joie délirante, tandis que les pauvres créatures, entraînées au fond de l'abîme par le poids des mourants, soulèvent de temps à autre cette masse de cadavres, en se débattant au milieu de leur agonie contre le fardeau qui les étouffe.

Les habitants tuaient ainsi jusqu'à soixante-dix têtes de gros gibier par semaine; et comme chacun, riche ou pauvre, a sa part du butin, cette abondance de venaison neutralisait les inconvénients d'une alimentation qui, sans cela, eût été exclusivement végétale.

Mais cette existence calme et paisible ne pouvait convenir longtemps à l'ardent tempérament de Livingstone. En 1849, il se résolut à continuer, vers l'est, ce qu'il nomme sa mission, et de tâcher d'ouvrir, dans le nord, un chemin à la civilisation en cherchant les cours d'eau permanents ou les puissants cours d'eau qui sont nécessaires aux grands travaux du commerce et de l'agriculture.

Après avoir traversé le désert de Calahari, — qui n'a reçu le nom de désert que parce qu'il n'est arrosé par aucune eau courante et que les sources y sont rares, mais qui n'en renferme pas moins une végétation abondante et de nombreux habitants, — il atteignit, le 4 juillet, la rivière Zouga, et, le 1er août, il touchait l'extrémité nord-est du lac Ngami.

C'était la première fois que cette belle nappe d'eau était contemplée par des Européens. Sa direction parut à Livingstone être du nord-nord-est au sud-sud-ouest.

D'après les renseignements qui lui furent donnés, la partie

méridionale s'arrondit vers l'ouest, et reçoit au nord-ouest la Tiougué, cours d'eau qui vient du nord. De l'endroit où il était placé (sud-sud-ouest), les eaux du lac formaient son seul horizon ; il lui fut impossible d'en mesurer l'étendue ; mais, comme les habitants de ce district prétendaient qu'il leur fallait trois journées de marche pour en faire le tour, il évalua qu'il pouvait avoir une centaine de kilomètres de circonférence ; d'autres conjectures ont fait porter ce chiffre de cent cinquante à cent soixante kilomètres ; l'étendue réelle doit probablement se trouver entre les deux.

Le lac a malheureusement peu de profondeur, ce qui l'empêchera toujours d'acquérir beaucoup d'importance comme voie de communication. Le docteur vit un indigène manœuvrer sa pirogue au moyen d'une perche. Il n'avait pas d'eau pour employer ses rames, bien qu'il se trouvât à une douzaine de kilomètres de la rive.

Pendant quelques mois qui précèdent l'arrivée des eaux du nord, le bétail a, pour se désaltérer, beaucoup de peine à franchir la vase et la ceinture de roseaux que la sécheresse a mises à découvert.

Les bords du lac sont partout peu élevés ; à l'ouest se trouve un espace dépourvu d'arbres, qui montre que les eaux se sont retirées depuis peu de cet endroit ; c'est l'une des preuves de dessèchement que l'on rencontre partout. Une quantité d'arbres morts gisent au bord de l'eau, où quelques-uns sont enfoncés dans la vase.

L'eau du lac est très douce pendant tout le temps qu'elle est haute ; elle devient saumâtre aussitôt qu'elle diminue. C'est en mars et en avril que l'inondation commence. En descendant par les affluents du lac, les eaux trouvent les lits des rivières complètement desséchés, à l'exception de quelques mares éloignées l'une de l'autre ; et, à cette époque, le lac lui-même est fort bas.

Le chef du lac, un jeune homme du nom de Léchoulatébé,

s'étant opposé à son passage, Livingstone se vit forcé de revenir à Colobeng.

En 1851, le docteur repartit pour le nord et se rendit chez Sébitouané, chef et créateur des Makololos, peuple issu des Soutos (Bassoutos) habitant le sud de l'Afrique australe.

L'existence de ce monarque africain a été des plus accidentées.

La tribu à laquelle il appartenait ayant été dispersée, il se trouva faire partie de cette horde de *mantatis* ou de maraudeurs que les Gricouas repoussèrent de Kuruman en 1824. Il prit la fuite vers le nord avec une petite bande de Soutos et quelques bœufs. Arrivé à Mélita, il se vit attaqué par des cannibales, qui voulaient s'emparer de lui et des siens pour les manger.

Sébitouané plaça les hommes en avant et les femmes derrière les bêtes à cornes, puis, attaquant ses féroces ennemis qu'il renversa du premier choc, il s'empara de la ville et des biens de leur chef Mécabé.

Plus tard, il vint à Litoubarouba, vers l'époque où il restaura Séchéli malgré les assassins du père de ce chef. Il eut ensuite à souffrir cruellement d'une attaque des Boërs[1] et s'en alla vers le nord, où les Tébélés le dépouillèrent deux fois de son bétail; mais ses guerriers lui restèrent fidèles et il battit Morémi, père de Léchoulatébé, retint ce dernier captif plusieurs années, mais le laissa ensuite remettre à la tête de sa tribu.

Lorsqu'il fut devenu maître des bords du lac Koumadau, Sébitouané entendit parler des Européens de la côte occidentale, et, en s'avançant vers le sud-ouest, voulut les rejoindre. En route, il fut horriblement éprouvé par la soif et perdit tout son bétail, qui s'enfuit chez les Damaras.

Retournant vers le nord plus pauvre qu'il n'en était parti,

____

1. Boërs (*bouviers*, *paysans*), nom donné, dans l'Afrique australe, aux habitants d'origine hollandaise.

Sébitouané remonta le Tiougué ; puis, se dirigeant vers l'est, il franchit un pays marécageux pour atteindre la vallée de la Liambaïe. La partie où il arrivait ne lui paraissant pas convenir à l'établissement de ses pasteurs, il descendit le long de la rivière jusque chez les Tocas, qui étaient alors dans toute leur gloire. Ils vivaient dans les grandes îles que forme le Zambèze, après le confluent de la Liambaïe et de la Tchobé.

Protégés par leur situation exceptionnelle, ces brigands attiraient les peuplades errantes et fugitives et, sous prétexte de leur faire traverser le fleuve, ils les déposaient sur des îlots écartés de la rive, les y dépouillaient complètement et les abandonnaient à leur misère.

Le Zambèze est tellement large, que l'on ne distingue pas si c'est le bord d'une île ou celui du rivage que l'on a en face de soi ; mais Sébitouané, avec sa prudence habituelle, exigea que le chef qui lui offrait de le conduire sur l'autre rive vînt s'asseoir dans le canot où il se trouvait, et il le retint auprès de lui jusqu'à ce que ses gens et ses bestiaux fussent déposés sains et saufs de l'autre côté du fleuve. Voulant se venger de cet échec, les Tocas se réunirent en grand nombre auprès des chutes pour combattre les Makololos, dont ils voulaient couper les têtes afin d'en orner leurs villages, comme c'était leur coutume ; mais ils furent vaincus, et Sébitouané leur enleva tant de bestiaux, qu'il lui fut impossible de se rendre compte du nombre des moutons et des chèvres capturés.

Sébitouané était ensuite descendu jusqu'au confluent de la Cafoué et du Zambèze et s'y était établi dans une plaine du district de Caonca qui offrait l'aspect de grandes vagues courant du nord au sud ; sans cours d'eau, mais avec des étangs assez nombreux, cette région était fort salubre, ses pâturages et sa fertilité en faisaient un vrai paradis. Quand le docteur la parcourut, il remarqua souvent çà et là de grands arbres touffus dans les endroits où s'étaient élevés les villages des

Makololos. Plus loin vers l'est, dans le pays de Sémalem-boué, Sébitouané résida encore, dans un canton extrêmement fertile et près de montagnes qui renferment une source d'eau chaude, appelée Nacalombo.

Mais cette prospérité fut bientôt troublée par les ravages des Cafres Tébélés, sous la conduite de Masilicatsi. Ils firent beaucoup de mal, bien que deux fois repoussés.

Ne pouvant oublier leurs défaites, les Tébélés composèrent une armée considérable et remontèrent le Zambèze jusqu'à la vallée des Rotsés, où guerroyait alors Sébitouané.

Celui-ci déposa comme appât quelques chèvres dans une des plus grandes îles du fleuve, et mit à la disposition des Tébélés plusieurs canots dirigés par des hommes qui lui étaient dévoués. Quand tout le monde fut arrivé dans l'île, les canots s'éloignèrent et les ennemis se trouvèrent pris au piège, aucun ne sachant nager : ils vécurent de racines après avoir mangé les chèvres, et s'affaiblirent au point que, lorsque les Makololos abordèrent à leur tour, ceux-ci n'eurent qu'à les égorger.

Les vainqueurs adoptèrent les enfants et les femmes, qui désormais firent partie de leur tribu.

En apprenant cette nouvelle, les guerriers de Mosilicatsi obtinrent de leur chef la promesse de tirer vengeance d'un tel désastre. Cette fois, l'armée emporta des pirogues afin d'être à l'abri d'un semblable sort ; mais, pendant ce temps, Sébi-touané avait subjugué les Rotsés, et les jeunes gens de sa tribu avaient appris à gouverner des canots. Il en profita pour descendre le fleuve, s'arrêtant d'île en île et surveillant de si près les mouvements de l'ennemi, qu'il était impossible aux Té-bélés de faire usage de leurs pirogues sans diviser leurs forces.

A la fin, tous les Makololos se trouvèrent rassemblés avec leur bétail dans l'île de Loyélo et continuèrent à épier jour et nuit ceux qui étaient venus avec l'intention de les com-battre. Après avoir attendu quelque temps, Sébitouané traversa la partie du fleuve qui le séparait des Tébélés, et allant droit à eux :

« Pourquoi voulez-vous me tuer? leur dit-il: je ne vous ai jamais attaqués, jamais je n'ai fait aucun mal à votre chef. Aou! le crime est de votre côté. »

Les Tébélés ne lui répondirent pas; mais le lendemain ils avaient disparu, et les canots qu'ils avaient apportés de si loin gisaient brisés sur la rive. De cette armée nombreuse, cinq hommes seulement revinrent dans leurs foyers; la fièvre, la faim et les Tocas avaient fait périr tous les autres.

Sébitouané se trouvait conséquemment chef suprème de tribus qui occupaient un espace immense, et, de plus, il en était arrivé à se faire craindre du terrible Mosilicatsi. Toutefois il se défiait de ce chef cruel, et comme les Tokas des îles avaient secondé les Tébélés en leur faisant traverser le Zambèze, il fit une descente rapide chez ces insulaires et les chassa de leurs retraites, que ceux-ci croyaient inexpugnables. Il rendit par là, sans s'en douter, un service éminent au pays, en détruisant l'obstacle qui jusqu'alors avait empêché le commerce de pénétrer dans la vallée du centre.

Après avoir remporté cette dernière victoire, Sébitouané répondit à l'égard des chefs qui avaient échappé à la mort : « Ils aiment Mosilicatsi, qu'ils aillent vivre auprès de lui; le Zambèze est ma ligne de défense. » Et il plaça des hommes sur le bord du fleuve pour garder sa frontière, depuis le confluent de la Liba et de la Liambaïe jusqu'à celui de la Cafoué et du Zambèze.

A l'époque où le vit Livingstone, il pouvait avoir quarante-cinq ans. C'était un homme de grande taille, aux membres nerveux, ayant la tête légèrement chauve et la peau café au lait. Plein de réserve et de dignité dans ses manières, il n'en mettait pas moins beaucoup de franchise dans ses réponses. C'est le plus grand capitaine dont on ait jamais parlé au nord de la colonie du Cap.

L'organisation militaire de son peuple est celle qu'on retrouve chez tous les Betjouanas et qui, par de certains traits, rappelle les traditions relatives à Sésostris, aux Scandinaves, aux Germains et aux Celtes.

Livingstone reçut, dans cette contrée, l'accueil le plus cordial. On le laissa libre de parcourir le pays et de se fixer où bon lui semblerait. Il en profita pour se rendre à Séchéké, à 200 kilomètres de l'endroit où il se trouvait; et, vers la fin de juin 1851, il fut amplement dédommagé de ses fatigues par la découverte du Zambèze, au centre du continent, découverte d'autant plus importante que jusqu'alors on ignorait complètement que ce fleuve existât dans ces lieux. Il y arriva à la saison sèche, époque où le niveau des eaux est le plus bas, et cependant le lit du fleuve renfermait un cours d'eau profond et rapide, de 300 à 600 mètres de large. Lors de son débordement annuel, le Zambèze s'élève perpendiculairement de plus de 6 mètres et s'étend sur une largeur d'environ 25 à 30 kilomètres.

Malheureusement ce beau pays ne lui offrait aucune sécurité, ni du côté de la salubrité, ni à l'égard des brigandages. Depuis plus d'un an, les Mambaris du Congo et les Maures de Zanzibar commençaient à y faire pénétrer le commerce des esclaves, qu'ils échangeaient contre des fusils. Il revint au Cap pour y faire les préparatifs d'une nouvelle expédition.

Au commencement de juin 1852, il partit pour Colobeng. A ce moment même, son ami Séchéli était attaqué par une petite armée de Boërs de la république du Transvaal[1]. Il se défendit de façon à prouver que Livingstone lui avait appris à

1. A la suite de la guerre de 1834 contre les Cafres, les Boërs avaient commencé une émigration à laquelle les Anglais du Cap voulurent s'opposer. Le gouvernement fut vainqueur, en 1848, à la bataille de Boomsplatts; mais les plus récalcitrants des Boërs franchirent le Vaal et se proclamèrent en république sous la présidence de Prétorius. Six ans plus tard et de guerre lasse, les Anglais renonçaient au territoire qu'ils avaient voulu conserver et où se formait la république d'Orange (1854). Celle-ci comptait alors 12 à 15 000 blancs, et celle du Transvaal 15 à 20 000.

se battre ; mais il avait dû céder devant la force, et s'était enfui
après avoir perdu 60 hommes ; 200 enfants de l'école fondée
par le docteur avaient été emmenés en esclavage ; les livres
d'une bonne bibliothèque qui faisait sa consolation n'avaient
pas été emportés ; mais les feuillets, arrachés par poignées,
gisaient épars sur le sol ; tout était brisé dans sa petite phar-
macie ; les meubles de la maison, ainsi que les vêtements
qu'on y avait trouvés, avaient été saisis et vendus à l'encan
pour couvrir les frais de l'expédition.

Cette ruine d'un établissement dont la prospérité s'affir-
mait de jour en jour ne découragea pas Livingstone. Si les
Boërs avaient conçu le dessein de fermer l'Afrique aux Européens, il était, lui, résolu à la leur ouvrir, et, le 5 janvier
1853, il reprit la route du nord.

La question de l'eau est la plus importante dans cette
région. Le docteur en trouva aux puits de Canné, entourés
de palissades par les Betjouanas. Une centaine de kilomètres
plus loin, il vit un de ces puits souterrains où les femmes
aspirent le liquide au moyen d'un roseau. Un grand nombre
de Boschimanes, rassemblées autour de ce puits, faisaient provision d'eau, dont elles remplissaient des coquilles d'œuf.

En février, Livingstone découvrit les chotts ou salines de
Nchocotsa. Bien que la saison pluvieuse fût commencée, tout
le pays était brûlé et le vif éclat des efflorescences de sel
y blessait les yeux.

Enfin, il atteignit la rivière de Tchobé, qu'une palissade
flexible d'énormes roseaux très serrés, d'herbes dentelées
comme une scie et tranchantes comme un rasoir, entremêlées
de tiges de convolvolus, résistantes comme du fouet, l'em-
pêchèrent de traverser, et qu'il dut remonter jusqu'au point
où s'en détache son bras méridional, la Sanchouréh. Le soir,
il arrivait au village d'un nommé Moréni, où sa présence produisit une stupéfaction profonde. « Il est tombé des nuages,
disaient les habitants ; il nous arrive sur le dos d'un hippo-

potame; il faut qu'il ait volé comme l'oiseau pour venir jusqu'à nous ! »

Quelques jours après, le 23 mai 1853, il entrait à Linyanti, la résidence du fils et successeur de Sébitouané, Sékélétou, qui fit au docteur « une réception vraiment royale ». De cette réception, Livingstone se montra reconnaissant en sauvant la vie à son hôte.

Mpépé, parent de Sékélétou, avait formé une conspiration pour s'asseoir sur le trône. Il avait dit à sa bande qu'il trancherait la tête à Sékélétou à la fin de leur première conférence. Le hasard fit que le docteur était assis entre les deux compétiteurs dans la hutte où ils se rencontrèrent. Fatigué d'une longue course en plein soleil, il demanda à Sékélétou quel endroit il lui destinait pour la nuit. « Je vais vous le montrer », lui répondit-il. Il se levèrent ensemble et, couvrant le roi de son corps, Livingstone le sauva du coup mortel dont il était menacé. Il ne savait rien du complot ; mais il avait remarqué avec surprise que tous les hommes de Mpépé avaient gardé leurs armes, ce qui n'arrive jamais quand un chef est présent.

L'attentat, au reste, ne demeura pas impuni. Le soir même, un des officiers de Sékélétou s'approcha de Mpépé, qui était assis devant son feu, et lui présenta du tabac dont sa main était pleine : « Donnez-moi une prise », dit Mpépé en étendant la main. L'officier lui saisit alors le poignet, tandis que l'un de ses compagnons s'emparait de l'autre main de Mpépé, qu'ils entraînèrent à seize cents mètres de là et tuèrent ensuite à coup de lance.

Livingstone partit ensuite pour Séchéké, dans le but de remonter la Liambaïe et explorer la Liba. Sékélétou voulut lui faire escorte jusqu'à la limite de ses possessions. C'était la première visite que le roi faisait dans ces parages depuis son avènement au pouvoir. Quand il traversait un village, les femmes quittaient leurs demeures et venaient le saluer en

criant : « Grand chef ! grand lion ! donnez-nous le sommeil.
Il recevait dans chaque village des bœufs, du lait et de l
bière en plus grande quantité que n'en pouvaient consomme
les gens de sa suite. Les populations témoignaient leur en
thousiasme par des chants et par des danses qui s'exécuten
de la manière suivante : Les hommes, presque entièremen
nus, ayant à la main un bâton ou une petite hache d'armes
se rangent, les uns derrière les autres, de manière à formei
un cercle ; chacun hurle de toute la puissance de ses poumons
tandis que la bande entière lève une jambe, frappe deux foi.
du pied avec force, lève l'autre jambe et frappe cette fois un
seul coup ; c'est l'unique mouvement qui soit fait en commun.
Les bras et les têtes s'agitent dans toutes les directions, les
hurlements continuent d'être poussés avec autant de vigueur
que possible ; un nuage de poussière entoure les danseurs,
dont les pieds battant la terre sans interruption, laissent
une profonde empreinte dans le sol qu'ils ont foulé. Les
femmes se tiennent à côté de la danse en frappant dans leurs
mains ; de temps en temps, l'une d'elles entre dans le cercle,
puis elle se retire après y avoir fait quelques mouvements.

Quand Sékélétou l'eut quitté, Livingstone continua à remonter la rivière à la recherche d'une station salubre où il
pût fonder un établissement. Malheureusement, la fièvre est
endémique dans cette région, en raison des débordements
périodiques de la rivière.

La Liambaïe, tributaire du Zambèze, a des bords plats et
découverts ; en certains endroits, la forêt vierge vient y
baigner les pieds de ses arbres. Sa largeur est de 300 mètres
et certaines de ses parties présentent des canaux de 160 kilomètres de longueur à l'endroit où les géographes ne sup-
posaient autre chose qu'une mer de sable. Il est impossible,
assure Livingstone, de voir cette rivière sans entretenir des
espérances pour l'avenir. Il a la conviction bien arrêtée que

HIPPOPOTAME DU ZAMBÈZE FEMELLE ET SON PETIT.

ce prétendu désert peut nourrir autant de millions d'habitants qu'il en contient aujourd'hui de milliers.

La Liba, dont l'eau paraît noire à côté de celle de la Liambaïe, coule bien plus paisiblement. Elle serpente au milieu de prairies délicieuses et d'arbres réunis par massifs, dont la disposition a tant de grâce que l'art n'y saurait rien ajouter.

Après un voyage de neuf semaines, le docteur revint à Linyanti, ayant renoncé à l'espoir de trouver un emplacement propre à l'établissement d'une mission sur le haut Zambèze. Il se décida alors à essayer d'ouvrir aux Betjouanas du cœur de l'Afrique une route par laquelle ils pussent communiquer directement avec les Européens.

Il quitta Linyanti le 11 novembre 1853, avec une escorte de vingt-sept Makololos, et s'embarqua sur la Tchobé, qu'il descendit jusqu'à son confluent avec la Liambaïe, confluent qu'il est difficile de déterminer à cause de l'entrelacement que forment les branches nombreuses de ces rivières. « Un peu plus bas, la réunion de toutes ces eaux offre un admirable coup d'œil à l'homme qui, durant plusieurs années, a vécu dans les plaines desséchées de l'Afrique australe. »

Le 19 novembre, il était à Séchéké, ville bâtie sur la rive gauche de la Liambaïe et ayant une nombreuse population de Calacas.

Le 17 décembre, après avoir franchi divers dangereux rapides, il arriva à Libonta, dernière ville des Makololos, bâtie sur une digue en terrassement, non loin du confluent de la Liba et de la Liambaïe.

Le 5 janvier 1854, il arrivait à un village où régnait Nyémoéna, sœur de Chinté, qui passe pour le plus grand chef des Londas. La reine et son époux, Sémoéna, reçurent le voyageur, assis sur des peaux, au milieu d'un cercle de trente pas de diamètre, un peu élevé et entouré d'un fossé au delà duquel étaient accroupies une centaine de personnes des deux sexes.

COIFFURE DE NÈGRES RIVERAINS DU ZAMBÈZE.

Livingstone, dont la chevelure étonna fort les indigènes et leur semblait être la crinière d'un lion ou du moins une perruque faite avec le poil de cet animal, expliqua sa mission, mission de paix et d'amour, ayant pour but de faire cesser les hostilités existant depuis longtemps entre les Makololos et les Londas.

Alors se présenta Ménenco, fille de la reine, grande femme d'une vingtaine d'années, bien faite, barbouillée de graisse et d'ocre rouge et parée d'une foule d'ornements et d'amulettes. Son mari, Sambanza, salua le docteur en se frottant le haut du bras et la poitrine avec le sable qu'il ramassait. Le nombre des anneaux de cuivre dont ses chevilles étaient surchargées ne lui permettait d'avancer, qu'en écartant les jambes et en se dandinant. Cette singulière démarche, commune d'ailleurs à beaucoup de chefs africains, surprit et fit sourire le voyageur ; mais on lui dit que c'est ainsi que, dans ce pays, on montre que l'on est un homme puissant et distingué.

Le 11 janvier, Livingstone se mit en route, avec Ménenco, Sambanza et des porteurs chargés des présents qu'il portait à Chinté, de la part de Sékélétou, chef des Makololos.

En traversant une forêt où il fallut se tracer un sentier à la hache, on rencontra, pour la première fois, quelques-unes des ruches artificielles dont le nombre va toujours croissant à mesure que l'on approche des possessions portugaises. Elles sont formées d'un seul morceau d'écorce, d'un mètre et demi de longueur, d'un mètre quarante de circonférence, et fixé horizontalement sur l'un des arbres les plus élevés de la forêt. C'est au moyen de ces ruches que se recueille toute la cire exportée de Benguela et de Saint-Paul de Loanda, sur l'océan Atlantique.

Le 16, on arriva à la ville de Chinté, située dans une vallée charmante où serpente un clair ruisseau, nichée dans un bosquet d'arbres magnifiques et composée de huttes carrées, les premières que Livingstone eût aperçues dans ces régions.

Le lendemain, il fut reçu en audience solennelle.

Deux mulâtres portugais et des Mambaris, arrivés récemment, vinrent avec leurs armes pour tirer une salve en l'honneur du roi. Leurs tambours et leurs trompettes faisaient tout le tapage possible dans la cotla, qui, comme à l'ordinaire, servait de place d'audience.

Chinté portait sur la tête une sorte de casque formé de colliers de verroterie artistement enlacés et dont le sommet était surmonté d'une grosse touffe de plumes d'oie ; à son cou pendaient de nombreux colliers ; ses bras et ses jambes étaient couverts d'anneaux de cuivre et de fer. Il siégeait sur une espèce de trône, paré d'une peau de léopard, sous un gracieux figuier qui paraissait être de l'espèce des banians. Il alla avec sa suite s'asseoir sous un arbre pareil, à quarante pas du chef.

Après le défilé des diverses sections de la tribu et la fantasia des guerriers, Sambanza et l'interprète de Nyémoéna s'avancèrent à reculons jusqu'auprès de Chinté, puis lui exposèrent tout ce qu'ils savaient sur le compte du docteur. « Peut-être, dit Sambanza dans sa péroraison, nous abuse-t-il ; peut-être dit-il la vérité ; mais qu'importe ? Les Londas ont bon cœur. Chinté n'a jamais fait de mal à personne ; il fera bon accueil à l'homme blanc, cela vaut mieux ; et il le mettra sur son chemin. »

Une centaine de femmes, vêtues de leurs plus beaux atours, qui se composent d'une profusion de serge rouge, étaient assises derrière Chinté. La principale épouse de celui-ci, originaire de la tribu des Tébélés, était placée au premier rang et avait sur la tête un curieux bonnet rouge. Après la fin de chaque discours, ces dames faisaient entendre une sorte de chant plaintif ; mais il fut impossible à aucun des hommes du docteur de distinguer si elles le faisaient à la louange de l'orateur, de Chinté, ou d'elles-mêmes. C'était la première fois que Livingstone voyait des femmes assister à une réunion publique : dans le sud, il ne leur est pas permis d'entrer dans la cotla, et même, lorsqu'on les invite à venir à l'office, elles ne s'y rendent pas sans que le chef le leur ait ordonné ; mais ici elles applaudissaient les orateurs en frappant dans leurs mains ; elles leur adressaient des sourires, et Chinté se retournait fréquemment pour causer avec elles.

Une bande de musiciens, composée de trois tambours et de quatre timbaliers, fit plusieurs fois le tour de la cotla en jouant à tour de bras.

Quand le neuvième orateur eut fini de parler, Chinté se leva et tout le monde suivit son exemple. Une décharge de mousqueterie, faite par l'escorte des mulâtres portugais, termina la séance.

Une des choses que Chinté désirait le plus, c'était de voir la lanterne magique du docteur. Quand la fièvre lui permit de satisfaire ce désir, Livingstone le trouva environné de ses dignitaires et de ses femmes.

Le premier tableau représentait le sacrifice d'Abraham ; les personnages étaient aussi grands que nature, et les spectateurs ravis trouvaient que le patriarche ressemblait infiniment plus à un dieu que toutes les images de terre ou de bois que l'on offrait à leur adoration. Il leur dit qu'Abraham était le père d'une race à qui Dieu avait donné la Bible que nous avons aujourd'hui, et que notre Sauveur était né parmi ses descendants. Les femmes écoutaient avec un silence respectueux ; mais lorsque, remuant la glace où l'image était imprimée, le coutelas qu'Abraham tenait levé sur son fils vint à se mouvoir en se dirigeant de leur côté, elles supposèrent que c'était elles qui allaient être égorgées à la place d'Isaac, et, se mettant à crier toutes à la fois : « Ma mère ! ma mère ! » elles s'enfuirent pêle-mêle, en se jetant les unes sur les autres, tombèrent sur

RÉCEPTION CHEZ LE ROI ACHINTÉ (page 33).

les petites huttes qui renferment les idoles, sur les pieds de tabac, sur tout ce qu'elles rencontraient, et il fut impossible de les rassembler de nouveau.

Toutefois, Chinté resta bravement assis au milieu de la mêlée et ensuite examina l'instrument avec un vif intérêt.

Au bout d'une dizaine de jours, les forces du docteur étant assez rétablies pour qu'il pût partir, Chinté vint lui faire une visite sous sa tente, et, en fermant bien toutes les ouvertures, il tira de son vêtement un collier auquel était suspendue l'extrémité d'un coquillage conique ayant, aux yeux de ces peuplades éloignées de l'Océan, une valeur aussi grande que les insignes du lord maire peuvent en avoir à Londres ; puis, la lui passant au cou : « Maintenant, dit-il, vous avez une preuve de ma sincère amitié. » Il lui donna aussi huit hommes pour l'aider à porter ses bagages.

Le départ eut lieu le 26 janvier 1854.

Le 20 février, Livingstone découvrit le lac Dilolo, situé par 11° 10′ de latitude sud et 20° 10′ de longitude est. Nous reparlerons plus loin de ce lac, que le docteur revit à son retour de Loanda. C'est dans ses environs que Livingstone reconnut avec surprise que les terrains plats qu'il traversait forment une ligne de séparation entre les rivières du nord et celles du midi, se dirigeant, les unes vers le Zaïre, les autres vers le Zambèze.

Le 27 février, il traversa la Casaïe, belle rivière de 100 mètres de largeur, coulant du sud au nord, au fond d'une vallée dont les coteaux boisés ont près de 500 mètres de hauteur.

Au passage d'une branche de la Loké, le bœuf qu'il montait, et dont il voulait descendre, plongea si précipitamment dans la rivière qu'il se décida à se mettre à la nage. Les Zambéziens de son escorte, supposant un accident, ressentirent un tel effroi, qu'une vingtaine d'entre eux, qui avaient déjà atteint l'autre rive, se jetèrent à l'eau pour le sauver. Quand il aborda, tous se pressèrent autour de lui de la manière la plus touchante ; puis ils se replongèrent dans l'eau pour aller chercher les bagages que, dans leurs transes pour la vie de leur maître, ils avaient abandonnés. « Combien, s'écrie le docteur, j'éprouve de reconnaissance pour ces pauvres païens ! »

Après avoir traversé le pays des Chiboques, Livingstone arriva à la fin de mars au sommet de la pente abrupte menant à la vallée du Coango. Les deux versants de la vallée, éloignés de 150 kilomètres environ, sont couverts de sombres forêts ne laissant entre elles qu'une étroite prairie où serpente le fleuve.

Au commencement d'avril il atteignit Cassangé, une colonie européenne, où il put renouveler sa garde-robe. Quelques jours après, il se trouvait à Loanda.

Saint-Paul de Loanda, dans la Guinée méridionale, chef-lieu des établissements portugais sur la côte occidentale d'Afrique, garde de sa primitive grandeur deux magnifiques églises : l'une d'elles, élevée par les jésuites, est devenue un atelier ; l'autre sert d'étable à bœufs. Il y a trois forts bien conservés. Le palais du gouverneur et les édifices de l'administration publique ont été bâtis sur un plan bien conçu. Beaucoup de maisons spacieuses sont en pierre de taille. En somme, vue de la mer, la ville a un aspect imposant. La police y est active et bien ordonnée ; les autorités y sont obligeantes et polies ; le service de la douane y est admirablement fait, et pourtant Loanda est une ville en déclin. D'abord les droits de douane et les usages du commerce y sont très onéreux, et bien que le commerce légitime y rapporte déjà plus que ne le faisait la traite, cependant la transition y a été ruineuse. Les fonctionnaires, très mal payés, y essayent toujours de combler le déficit de leurs ressources par les immenses bénéfices de la vente des esclaves. Pour les Portugais, Loanda est presque un lieu de déportation, d'où ils espèrent, après avoir fait une fortune rapide, revenir à Lisbonne sans s'intéresser à la prospérité de leur terre d'exil. Enfin la propriété du sol y est interdite à quiconque n'est pas naturalisé ; d'où il résulte que la colonie ne profite d'aucune entreprise industrielle, ni de la part des étrangers ni de celle des Portugais.

A la fièvre qui le minait s'était jointe une dyssenterie qui ne lui laissait pas un seul instant de repos. Heureusement, il fut reçu par M. Gabriel, commissaire de la Grande-Bretagne pour la suppression de la traite, qui, avec une hospitalité fraternelle, pourvut à tous ses besoins et lui donna les soins qu'exigeait l'état d'une santé délabrée par de trop longues fatigues.

Il ne tarda pas à se rétablir et se prépara à une nouvelle expédition. Il avait réussi à faire comprendre l'utilité du but qu'il poursuivait, c'est-à-dire ouvrir le centre de l'Afrique aux relations commerciales. Aussi les autorités de la province firent habiller de pied en cap les hommes qui l'avaient accompagné, et lui donnèrent, pour Sékélétou, un cheval et un uniforme complet de colonel. Les négociants lui offrirent des articles de commerce, un âne et une ânesse, pour introduire l'espèce dans le pays des Makololos. Il se procura des étoffes de coton, des munitions de chasse, des perles de verre, et donna un mousquet à chacun des hommes de sa suite.

Il quitta Saint-Paul de Loanda le 20 septembre 1854 et se rendit par mer, avec tous ses hommes, à l'embouchure du Bengo.

Après avoir exploré le pays d'Angola, où il trouva des sites « dont le regard des anges aurait été ravi », constaté que, en aval de leur confluent, le Coango et le Congo prennent le nom de Zaïre, il arriva, le 9 juin 1855, au lac Dilolo, dont il avait touché la pointe le 28 février de l'année précédente. C'est une belle nappe d'eau bleue aux flots pressés, de 9 à 12 kilomètres de longueur sur 1 à 3 kilomètres de largeur, et dont la forme est légèrement triangulaire. Il sert de déversoir entre les rivières qui coulent d'un côté vers l'orient et de l'autre vers l'occident.

Six jours après, il revoyait le chef Catéma, qui, voulant paraître dans toute sa grandeur, telle que le comportait son rang. monta sur les épaules de son interprète. Or l'interprète était très grêle, tandis que le chef avait six pieds de haut et une corpulence proportionnée ; il fallait donc que le premier eût une grande habitude de cet exercice pour ne pas exposer son chef à une chute ridicule, sinon dangereuse.

Le 27 juillet, Livingstone rentrait à Libonta, où son arrivée donna lieu à d'inimaginables démonstrations de joie, car on le croyait mort depuis longtemps, lui et ses compagnons. Les femmes accoururent au-devant de lui en dansant avec des gestes expressifs. Quelques-unes étaient armées d'une natte et d'un bâton en guise de bouclier ; les autres se précipitaient vers les arrivants et couvrirent de baisers leurs visages et leurs mains. Quant aux hommes, ils attendaient, assis gravement, d'après les règles du décorum africain.

Même accueil dans la vallée des Rotsés et à Maliélé ; chaque village donna à la caravane un bœuf, quelquefois deux.

En avril 1855, il était de retour à Linyanti, où son ancien ami Sékélétou pourvut à tous ses besoins avec une parfaite générosité. Les Makololos étaient enchantés non seulement des présents que leur envoyaient les négociants de Loanda, mais surtout d'avoir le moyen de trafiquer avec la côte occidentale. Le chef ne parlait de rien moins que d'aller s'établir dans la vallée des Rotsés, afin d'abréger le chemin qui le séparait de Loanda. « Si vous veniez avec nous, dit-il à Livingstone, je partirais demain sans rien craindre. » Mais le docteur n'avait découvert, dans cette haute et belle vallée, aucun emplacement assez salubre aux Européens pour qu'il voulût y établir sa famille, et il se contenta de conseiller aux Makololos de fonder, au confluent de la Liba et de la Liambaïe, un lieu central d'où ils pussent plus aisément communiquer avec Loanda et avec les tribus de l'intérieur.

Le 3 novembre 1855, il partit de Linyanti pour le Mozambique, accompagné de Sékélétou et d'environ 200 personnes, parmi lesquelles se trouvaient les principaux membres de la tribu.

Le 17, Livingstone et Sékélétou allèrent visiter les chutes du Zambèze nommées par les Makololos Mosi-oa-Tounya, ou *fumée tonnante*, et auxquelles le docteur imposa le nom de chutes Victoria.

Il se transporta en canot à travers des rapides dont le seul aspect, la voix rugissante, produisent un indéfinissable malaise, et gagna non sans peine une île située au milieu du fleuve, qui s'étend jusqu'au bord du gouffre et que le docteur baptisa île du Jardin.

C'est seulement quand la rivière est très basse qu'on peut se hasarder à gagner cette île. Si l'on y abordait au moment de l'inondation, en supposant la chose praticable, il faudrait y rester jusqu'à ce que les eaux se fussent complètement retirées. On a vu des éléphants et des hippopotames être lancés dans l'abîme et être réduits à l'état de pâte.

Arrivé à l'extrémité de l'île, Livingstone se pencha au-dessus du gouffre d'une profondeur vertigineuse, et le caractère unique et merveilleux de la cascade apparut à ses yeux.

« Il n'est pas de paroles, dit-il, qui puissent donner l'idée d'un spectacle pareil; un peintre accompli n'y parviendrait pas, même avec une série de tableaux.

« Le saut du Niagara provient de l'usure des rochers sur lesquels tombe la rivière; il a reculé graduellement pendant une longue suite de siècles, et a laissé devant lui une auge profonde et large, dont la ligne est assez droite : il continue tous les jours son mouvement de recul et décharge néanmoins dans le Saint-Laurent l'eau des lacs dont celui-ci est composé.

CHUTES VICTORIA.

« Les chutes Victoria ont été formées par une déchirure transversale du basalte qui constitue le lit du Zambèze. Les bords de la rupture sont toujours à arêtes vives, sauf du côté où l'eau se précipite et où la rampe est rongée sur l'espace d'un mètre. La falaise est perpendiculaire et descend jusqu'au fond de l'abîme sans présenter de saillie. Le puissant effort qui, en produisant cette fissure, a déchiré le lit du fleuve, n'en a pas dérangé le niveau. Il en résulte qu'arrivé à l'extrémité de l'île du Jardin, le Zambèze disparaît tout à coup, laissant voir de l'autre côté de la crevasse les arbres qui s'élèvent à l'endroit où il coulait jadis et qui croissent sur le même plan que celui où j'ai navigué.

« La crevasse dépasse de quelques mètres la largeur du fleuve, qui est ici d'un peu plus de 1650 mètres. J'en ai mesuré la profondeur au moyen d'une ligne à laquelle j'avais attaché quelques balles de plomb, ainsi qu'un morceau de calicot d'une longueur de $0^m,30$. 93 mètres de corde avaient été fournis quand les balles rencontrèrent un plan incliné de la falaise et s'y arrêtèrent ; elles avaient encore, selon toute probabilité, 45 mètres à descendre pour atteindre la surface de l'eau, ce qui donnerait à la chute une hauteur totale de 138 mètres. Le morceau de cotonnade blanche ne paraissait plus que de la dimension d'une pièce de cinq francs.

« La crevasse a une ouverture minimum de 73 mètres. Dans cette déchirure, deux fois plus profonde que la cascade du Niagara n'a de hauteur, se précipite, avec un fracas étourdissant, une rivière de plus de 1680 mètres de largeur ! »

Le 20 novembre, Sékélétou se sépara de Livingstone, lui laissant 114 hommes pour porter son ivoire, et le docteur continua son voyage en se dirigeant d'abord vers le nord.

Le 5 décembre, il aborda le district des Tongas, qui l'accueillirent à merveille. Ils vinrent en foule des villages environ-

nants, lui apportant des fruits et lui exprimant leur satis-
faction de voir pour la première fois un homme blanc. Dans
cette région, les femmes sont un peu plus vêtues que dans
le pays des Londas, mais les hommes sont absolument nus.

Plus Livingstone avançait, plus la contrée devenait popu-
leuse. Tous les habitants vinrent regarder l'homme blanc, phé-
nomène qu'ils n'avaient jamais contemplé. Ils le saluèrent en
se jetant sur le dos, se roulant par terre, se frappant la partie
extérieure des cuisses et répétant les mots *Kina bomba.*

C'est de cette singulière façon que l'aborda Monzé, chef de
tous ces districts, dont il reçut la visite le 6 décembre. Pour
le remercier, le docteur plia un madras de couleurs éclatantes
et le posa comme un châle sur les épaules de la fille du chef.
Celui-ci, transporté d'admiration, déclara qu'il allait con-
voquer tous ses sujets pour que l'on dansât autour de l'enfant
couvert de cette magnifique parure.

Le 15, on aperçut, à environ 3 kilomètres de distance, un
éléphant femelle et son petit. L'escorte se mit immédiatement en chasse et le docteur en suivit les péripéties à l'aide
de sa longue-vue.

Les deux animaux, ne se doutant pas de la présence de
l'ennemi, se vautraient dans une fosse pleine de vase. Tout à
coup retentirent les sifflements des Makololos, dont les uns
soufflaient dans un tube, les autres dans leurs mains jointes.
Les éléphants sortirent de la fosse et prirent la fuite. La
mère s'arrêtait souvent pour regarder les chasseurs, qui con-
tinuaient leur musique infernale ; puis elle rejoignait son
petit en marchant de côté, comme si elle avait été partagée
entre le besoin de protéger son fils et le désir de châtier ses
persécuteurs. Arrivés à une vingtaine de pas, ceux-ci lui lancèrent leurs javelines. Toute rouge du sang qui coulait de ses
blessures, elle prit la fuite sans plus paraître songer à son
enfant, qui fut tué dans un ruisseau où il s'était réfugié. Le pas
de la mère se ralentit de plus en plus ; puis, se retournant en

poussant un cri de rage, elle se précipita sur les chasseurs, qui se dispersèrent à droite et à gauche. Quatre fois elle recommença en droite ligne cette charge furieuse, mais inutile; enfin, tournant sur elle-même, elle chancela et mourut agenouillée.

Pour atteindre plus promptement le Zambèze, Livingstone se décida à franchir la montagne aux environs de l'embouchure de la Cafoué, affluent de la rive gauche du grand fleuve. Ce passage ne s'accomplit qu'avec la plus extrême difficulté. En traversant un fourré de cette région, la caravane fut chargée par un troupeau de buffles subitement troublés par son arrivée. Un des hommes atteints par un de ces animaux fut porté sur ses cornes pendant plus de trente pas avant d'être lancé en l'air. Il en fut quitte pour quelques contusions.

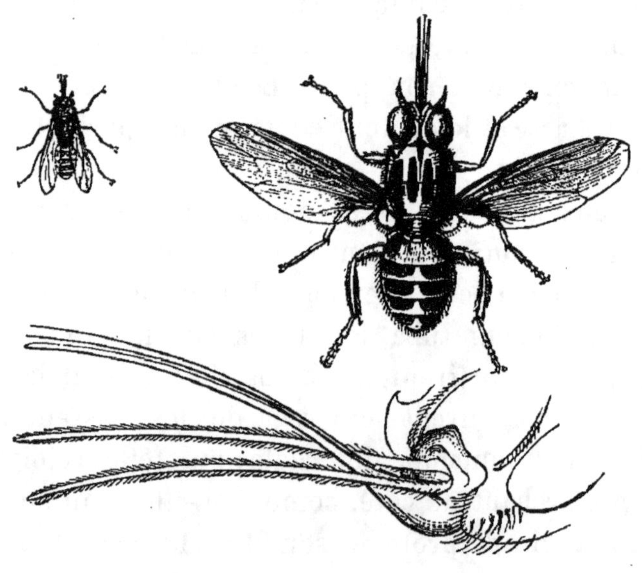

LA MOUCHE TSÉTSÉ.

Un peu plus loin le pays est infesté par la tsétsé, espèce de mouche venimeuse qui cause de cruels ravages parmi les bêtes de somme des caravanes et qui est commune dans presque

CHASSE A L'ÉLÉPHANT.

toutes les régions fluviales de l'Afrique. La figure ci-jointe montre ce parasite en grandeur naturelle et grossie. On y voit aussi l'appareil dont il est muni pour opérer la piqûre qu'il inflige et pour aspirer le sang de l'animal, après avoir introduit sous sa peau le liquide venimeux contenu dans la glande qui est située à la base de la trompe.

Le 18, on arriva au village du chef Sémalemboué, qui s'empressa de se présenter devant le docteur et de lui témoigner la joie qu'il éprouvait de le voir. Il n'avait qu'une crainte, disait-il, c'était qu'il ne s'endormît ayant faim et ne vînt à passer une mauvaise nuit dans son village. C'était une manière délicate d'offrir des vivres, et le chef termina sa phrase en présentant à son hôte six paniers de farine de maïs et une énorme corbeille d'arachides. En échange, le docteur passa une de ses chemises au chef, qui s'éloigna enchanté de ce cadeau.

Puis Livingstone descendit la rive gauche du Zambèze. Dans chaque village on lui donnait une couple d'hommes pour le conduire à la bourgade voisine et lui faire éviter les endroits impraticables. Ces hommes sont vigoureux; quoiqu'ils aient les lèvres épaisses et le nez épaté, la physionomie nègre ne se rencontre parmi eux que chez les êtres les plus dégradés. Les femmes ont la coutume de se percer la lèvre supérieure et d'élargir graduellement l'ouverture de manière à pouvoir y introduire un coquillage, ornement qui leur fait saillir la lèvre au delà du nez. Elles se fabriquent ainsi un véritable bec de canard, ce qui est loin de les embellir. Ce singulier ornement se nomme *pélélé*.

Vers le confluent de la Loangona, autre affluent de la rive gauche du Zambèze, le docteur aperçut les ruines d'une église; dans l'herbe, une cloche sans date et sans autre inscription qu'une croix avec les lettres I. H. S. C'était tout ce qui restait d'une ville que les Portugais avaient fondée et nommée Zumbo.

L'ESCORTE DU DOCTEUR ATTAQUÉE PAR DES BUFFLES (page 44).

Le 23 décembre, Livingstone arriva au village d'un chef du
nom de Mpendé, où il eut à lutter contre un mauvais vouloir qui se dissipa toutefois quand il eut prouvé qu'il n'était

FEMME ORNÉE DU PELÉLÉ (page 46).

pas Portugais, mais où il fut obligé de s'arrêter un mois
avant de parvenir à se procurer les moyens de traverser le
Zambèze.

Enfin, le 24 janvier 1857, Mpendé envoya deux de ses notables porter aux habitants d'une île située en aval de son
village l'ordre de le passer avec son escorte de l'autre côté
du fleuve. Le Zambèze est si large en cet endroit que, malgré
l'habileté des rameurs, le passage ne put être terminé qu'après

le coucher du soleil. D'une rive à l'autre, la largeur du fleuve est de 1000 mètres, dont sept à huit cents d'une eau profonde, coulant avec une vitesse de 5300 mètres à l'heure.

Le 3 mars, après avoir parcouru une contrée pleine de pierres et de roches, sans aucun sentier, le docteur, épuisé de fatigue, arriva à Tété. Cette ville, entourée d'une muraille de 3 mètres de hauteur, s'élève sur une pente inclinée jusqu'au Zambèze. La population est d'environ 4500 âmes, dont une vingtaine de Portugais, en dehors de la garnison ,qui comprend environ cent hommes.

Le jour même de son arrivée, Livingstone reçut la visite de tous les principaux habitants, y compris le curé. Pas un seul d'entre eux ne se doutait que le Zambèze coulât au centre de l'Afrique.

Le 26 avril, Livingstone était à Senna, qu'il quittait le 11 mai. A 50 kilomètres en aval, il trouvait, sur la rive droite, l'embouchure du Zangoué, et, à 8 kilomètres plus bas, celle de la Chiré, affluent de la rive gauche, dont la largeur est de 200 mètres.

Quelques kilomètres plus loin, il sortait des montagnes. Alors le fleuve, coulant entre des plaines immenses, devient magnifique ; on n'aperçoit plus ses rives, couvertes de grands arbres, que dans le lointain.

C'est à Mazaro que commence le delta du fleuve, immense bas-fond couvert d'herbes et de roseaux, parmi lesquels s'élèvent çà et là des cocotiers et des mangoustans. Quant au fleuve, il coule majestueux sur une largeur de plus de 800 mètres où l'on ne voit pas une île.

Enfin, Livingstone arriva à Quilimané, sur l'océan Indien.

La construction de cette ville a eu pour conséquence de combler le bras du Zambèze nommé Moutou ; de sorte qu'elle se trouve sur un point où elle n'a aucune communication avec le fleuve auquel elle devrait servir de port. D'ailleurs elle est des plus malsaines, située qu'elle est au milieu des marais et des rizières, sur un banc de vase où l'on trouve partout l'eau à 0^m,80 de profondeur et où s'enfoncent peu à peu les maisons de briques qu'on y a construites.

C'est à Quilimané que Livingstone s'embarqua pour Londres. Ne croyant plus y revenir, il avait dirigé toute son attention vers les dialectes africains; il y avait quatre années qu'il n'avait entendu un mot d'anglais, et depuis près de dix-sept ans il ne se servait plus de cette langue. Aussi avait-il perdu l'usage de sa langue maternelle; les mots lui manquaient, et il se trouva fort embarrassé au milieu de l'équipage du navire sur lequel il avait pris passage.

Le 22 décembre 1856, il se retrouvait dans la vieille Angleterre.

« Quelle que soit la valeur des découvertes que j'avais faites jusque-là, dit-il en terminant la relation de ce premier voyage, celle que je considère comme la plus précieuse est d'avoir constaté le grand nombre d'excellentes gens qu'il y a sur la terre. Je rends grâce à l'Être souverainement bon qui a veillé sur moi et qui a disposé en ma faveur le cœur des noirs aussi bien que celui des blancs. »

Ces quelques mots peignent l'homme.

Les renseignements apportés par Livingstone sur l'Afrique australe, sur l'état prospère de la côte occidentale soumise à l'influence anglaise, comparé à celui de la côte orientale, où la traite florissait toujours, excitèrent en Angleterre une vive et longue émotion. Mais, chez nos voisins d'outre-Manche, l'enthousiasme se manifeste autrement que par des paroles; une expédition fut organisée dans le but d'encourager les Africains à profiter des sources naturelles de richesse qu'offre leur pays, et de leur faire comprendre qu'il y a plus de bénéfice à cultiver le sol qu'à vendre des travailleurs dont les bras sont nécessaires. Cette expédition comprenait, outre Livingstone, son frère Charles, le docteur Kirk, naturaliste distingué, et M. Thornton, intrépide explorateur. Elle emportait un

BAIE DE L'EMBOUCHURE DU MOUTOU (MAZARO) (page 52).

petit navire, le *Ma-Robert*, qui devait aider les voyageurs à parcourir les cours d'eau de l'Afrique centrale.

Partie d'Angleterre le 1er mars 1858, l'expédition arriva au mois de mai suivant à la côte de Mozambique, où l'avait portée la *Perle*, vapeur de l'État. Ce steamer ne put remonter le Zambèze que jusqu'à l'endroit où s'en détache une branche nommée Doto et qui va rejoindre la Cangoué. Les objets qu'il apportait pour les explorateurs furent déposés sur une île, qui prit le nom d'île de l'Expédition.

Avec le *Ma-Robert* et un canot, Livingstone remonta le Zambèze jusqu'au Mazaro, tête du delta dont il a été parlé plus haut. Il y arriva le 15 juin.

Sous les arbres du Mazaro, on trouva une troupe nombreuse d'hommes armés, rebelles qui soutenaient la cause d'un métis nommé Mariano, chasseur d'esclaves qui possédait tout le pays, depuis Mazaro jusqu'au confluent de la Chiré, où il avait établi une estacade. Il faisait enlever par ses mousquetaires des indigènes dans les tribus inoffensives du nord-ouest ; conduits à Quilimané, ces noirs étaient vendus par son beau-frère et embarqués pour l'île Bourbon en qualité de *libres émigrants*.

Ce Mariano était un véritable bandit ; pour rendre son nom terrible, il frappait lui-même ses esclaves à coups de lance, et en un seul jour il en avait ainsi tué quarante. Ayant eu l'audace de se rendre à Quilimané, le gouverneur l'avait fait arrêter et envoyer à Mozambique pour être jugé. Mais son frère, Bonga, prenant le commandement, avait commencé les hostilités, qui depuis six mois suspendaient tout le commerce.

Livingstone et ses compagnons, s'étant fait reconnaître pour Anglais, ne furent pas inquiétés pendant le court séjour qu'ils firent dans cette localité. Un jour qu'ils abattaient du bois dans le voisinage, un engagement avait eu lieu entre les rebelles et les Portugais. Ils se trouvaient à un mille seulement environ du lieu du combat, mais un épais brouillard les em-

LE « MA-ROBERT » SUR LE ZAMBÈZE, AU-DESSUS DE SENNA.

pêcha d'entendre le bruit de la fusillade. Arrivé sur le théâtre de l'action, le docteur aborda, pour saluer d'anciens amis qu'il apercevait parmi les Portugais; l'odeur du sang le frappa tout à coup et il se trouva au milieu des morts. On lui demanda de prendre avec lui le gouverneur qui était fort malade de la fièvre et de l'emmener à Choupanga. Au moment où il répondait par l'affirmation, les rebelles rouvrirent le feu et les balles sifflèrent de toutes parts. Le temps pressait, et les secours qu'il avait envoyé demander au *Ma-Robert* n'arrivant pas, Livingstone entra dans la case où gisait le gouverneur, chargea ce dernier sur ses épaules et l'emporta jusqu'au bateau.

Le lendemain, on atteignit Choupanga, où existe une maison admirablement située. Devant la façade, un gazon en pente douce, bordé au sud par un bosquet de manguiers, conduit au Zambèze, dont les îles d'émeraude reposent sur des eaux tranquilles et inondées de soleil. Au nord, de vastes collines, puis des forêts de palmiers et d'autres arbres des tropiques; enfin la montagne massive de Morambala, qui dresse sa tête au milieu des nuages blancs, et, tout au loin, d'autres montagnes se profilant sur l'horizon bleu.

Après avoir dépassé le confluent de la Chiré, Livingstone arriva à Senna, où il reçut des résidents portugais le même accueil cordial qu'en 1856.

A propos du major Sicard, l'un de ces résidents, Livingstone cite un trait caractéristique de servitude volontaire.

Un jeune nègre, actif et intelligent, qui le pilotait sur le Zambèze, lui dit que, se trouvant seul au monde, il alla se vendre au major Sicard et reçut en payement trois pièces de calicot de 30 mètres chacune. Moyennant deux de ces pièces, il acheta un homme, une femme et un enfant. Au bout de deux ans, il possédait assez d'esclaves pour former l'équipage d'un grand canot. Son maître, qui avait de l'ivoire à transporter à Quilimané, le chargea de cet envoi et lui donna de l'étoffe pour louer des rameurs. Naturellement, il prit ses propres esclaves, retira de cette affaire un profit considérable, et trouva qu'en se vendant il avait fait une heureuse spéculation : il n'avait même pas à se nourrir, et, s'il tombait par hasard malade, son maître était tenu de le faire soigner.

Tandis qu'il était à Senna, le docteur apprit la fin de la révolte des partisans de Mariano. Après un combat acharné de trois heures, les Portugais les mirent en fuite et brûlèrent l'estacade de la Chiré. Deux mois plus tard, Bonga faisait sa soumission et la paix était rétablie.

Le 8 septembre 1858, on jetait l'ancre dans le Zambèze, à la hauteur de Tété. Tandis qu'approchait le petit bateau à vapeur, une foule considérable, presque entièrement composée de noirs, se réunissait sur la berge, le regardant d'un air ébahi. Ceux qui étaient devant expliquaient aux autres la façon dont il avançait, et cherchaient à se faire comprendre en imitant avec leurs bras les mouvements des roues.

Ce petit vapeur fut d'ailleurs loin de rendre les services qu'on en attendait. Il consommait une effrayante quantité de bois dont l'abattage exigeait un temps considérable, et il fallait quatre heures de chauffage pour mettre la machine en état de marcher. Par suite de ces retards, les bateaux, bien que chargés de marchandises, allaient à la rame presque aussi vite que lui et les canots légers le dépassaient. Aussi lui donna-t-on bientôt le nom de l'*Asthmatique* à la place de *Ma-Robert* qu'il avait reçu tout d'abord en l'honneur de l'épouse bien-aimée du docteur Livingstone [1]. Il se détériora tellement qu'on fut obligé de l'abandonner à la fin de mars 1860.

Peu de temps après son arrivée à Tété, Livingstone résolut d'aller visiter les chutes de Kébrabasa et la cataracte de Moroumboua, pour examiner les obstacles qu'elles opposaient à la navigation.

1. *Ma*, mère, maman; *Robert*, prénom du docteur Moffat, père de Mme Livingstone.

Le 9 novembre, il arrivait au défilé de Kébrabasa. Une chaîne élevée de montagnes coniques couvertes d'arbres rabougris coupe le Zambèze, qui ne laisse pour passage qu'une gorge de 400 mètres de large. Du fond surgissent des masses rocheuses confusément entassées. Le courant y forme de brusques détours, se dédouble parfois et forme de petites cataractes.

La cataracte de Moroumboua est située dans un coude du fleuve, qui à cette place décrit une petite courbe. Au-dessus de la cataracte, le fleuve est resserré entre deux montagnes à pic, distantes l'une de l'autre de 45 mètres. Une ou deux masses rocheuses surgissent au-dessus du niveau ; puis il y a une chute de 18 mètres de hauteur sur 27 de largeur. En face de la cataracte, et à droite, s'élève le Moroumboua, qui lui donne son nom ; c'est une montagne de 600 à 900 mètres de hauteur.

D'après l'étude approfondie faite de ces rapides et de ces chutes, il semble évident que la navigation y est impossible pendant la saison sèche ; mais, à l'époque des crues, l'eau s'élevant dans les gorges à 25 mètres au-dessus du niveau ordinaire, il est probable qu'un bateau à vapeur pourrait franchir les passes et gagner le haut Zambèze.

Dans l'état actuel, et vu la faiblesse de l'*Asthmatique*, Livingstone ne pouvait songer à tenter cette traversée. Il fit prier le gouverneur anglais de lui envoyer un bâtiment convenable, et, en attendant la réponse, il alla explorer la Chiré, dont l'embouchure dans le Zambèze se trouve à 160 kilomètres de la mer des Indes, et que personne n'avait encore remontée.

A l'approche des visages pâles (janvier 1859), 500 guerriers au moins se présentèrent sur la rive et leur ordonnèrent de faire halte. Le docteur se rendit au milieu d'eux, expliqua que les arrivants étaient Anglais, qu'ils ne venaient pas pour enlever des hommes ou pour combattre, mais qu'ils désiraient

VUE D'UNE PARTIE DES RAPIDES DE KÉBRABASA.

uniquement ouvrir le chemin à leurs compatriotes, afin que ceux-ci vinssent acheter du coton, de l'ivoire, tout, excepté des esclaves.

Ces explications changèrent aussitôt les dispositions du chef, qui dès lors, se montra plein de bienveillance.

Tous ces indigènes reconnaissent l'existence d'un être supérieur, créateur et dispensateur de toutes choses, ainsi que la perpétuité de la vie au delà du tombeau. Ils comprennent difficilement que cet être supérieur s'intéresse à eux. Qu'on leur dise, toutefois, que le père est irrité contre ses enfants quand ils se vendent ou se tuent mutuellement, alors ils applaudissent à ces paroles, qui ne font que reproduire les idées qu'ils entretiennent sur ce sujet. Pour relever le moral de ces populations, il ne faudrait que de l'instruction et de bons exemples.

La sympathie témoignée au docteur par les indigènes lui permit de reconnaître la Morambola, ou grande tour du Guet, montagne détachée, aux flancs abrupts, boisée du pied à la cime et d'une beauté remarquable, s'élevant à 500 mètres de la rive, et ayant 1200 mètres de hauteur sur deux kilomètres environ de longueur.

A 160 kilomètres à vol d'oiseau depuis le confluent de la Chiré, espace doublé par les détours de la rivière, on découvrit les belles cataractes nommées par les indigènes Mamvira et que Livingstone baptisa du nom de chutes Murchison, en l'honneur du président de la Société de Géographie de Londres.

A 16 kilomètres au-dessous de ces cataractes réside un chef fort intelligent, nommé Chibisa, partisan convaincu du droit divin. « Lorsque mon père vivait, disait-il au docteur, j'étais un homme comme un autre. A peine l'eus-je remplacé au pouvoir, que je sentis la puissance me passer dans la tête et me descendre dans le dos. Je sentis que j'étais un chef revêtu d'autorité, doué de sagesse, et l'on ne me regarda plus qu'avec crainte et respect. » Il racontait cela comme un fait d'histoire naturelle qui ne peut être mis en doute. Ses sujets croyaient à son pouvoir surhumain et ils se baignaient dans la Chiré sans craindre les crocodiles, leur chef ayant placé dans la rivière un charme qui les garantissait de tout accident.

Laissant le *Ma-Robert* ancré en face du village de Chibisa, les docteurs Livingstone et Kirk se mirent à pied à la recherche du lac Chiroua.

Après avoir traversé d'immenses marais qu'ils nommèrent grands marais des Éléphants, à cause de l'immense quantité de ces animaux qu'ils y rencontrèrent, ils découvrirent le lac Chiroua, le 18 avril 1859.

Les bords en sont fort beaux et couverts d'une luxuriante végétation. Il est entouré de montagnes d'une hauteur d'environ 2500 mètres et parsemé d'îlots coniques fort élevés. L'eau est profonde et légèrement jaunâtre ; les rives sont habitées par des sangsues, des crocodiles et des hippopotames. Il a une longueur de 130 kilomètres sur une largeur de 32.

Poursuivant leur route en côtoyant la Chiré, les explorateurs remarquèrent une nappe d'eau de 15 à 20 kilomètres de long sur 6 à 8 de large, pleine d'excellents poissons et qu'on nomme Pamalombé.

Enfin, le 16 septembre, ils arrivèrent au lac ou Nyassa des Maravis, dont on trouvera plus loin la description, le docteur, à cette époque, s'étant contenté d'y jeter un simple coup d'œil, comme pour constater sa découverte.

La caravane regagna ses quartiers de Tété.

La fin de l'année 1859 et le commencement de l'année 1860 furent employés à d'inutiles voyages faits à l'embouchure du Zambèze pour y trouver des approvisionnements. Le *Ma-Robert* étant dès lors à peu près hors de service, Livingstone se résolut à envoyer à Londres son mécanicien pour y surveiller la construction d'un nouveau navire, avec lequel il se proposait d'explorer le Nyassa, qu'il venait de découvrir.

Pendant son séjour à Tété, Livingstone fut témoin de noces indigènes, lesquelles sont célébrées dans ce pays avec autant de gaieté que partout ailleurs.

Les mariés sont portés dans des hamacs suspendus à des perches et que l'on nomme *machillas*. Les femmes esclaves, parées de leurs plus beaux atours, font éclater la joie qu'elles éprouvent du bonheur de leurs maîtres. Les hommes déchargent leurs mousquets. Les amis du jeune couple suivent les hamacs, revêtus d'un habit noir et d'un chapeau à haute forme! Les femmes examinent les toilettes, en balançant les cruches d'eau qu'elles portent sur la tête. Les invités font de copieuses libations, en attendant le repas et les danses joyeuses qui doivent le suivre.

Le 15 mai 1860, Livingstone reprit à pied ses explorations.

Après avoir franchi à gué la rapide Lonia, il se dirigea vers le nord-ouest, afin de tourner un massif de montagnes de 50 à 65 kilomètres d'épaisseur, et il arriva dans la jolie vallée de Zibah. A mesure qu'il s'éloignait des tribus en relation avec les marchands d'esclaves, il recevait un accueil de plus en plus cordial et trouvait chez les naturels des allures tout à fait patriarcales.

Le long du lit rocailleux qui comprime le Zambèze, il eut l'occasion de jeter un dernier regard sur les chutes de Kébrabasa. Le spectacle était grandiose : remarquables par leurs formes et leurs versants abrupts, les deux piliers géants du porche de la cataracte se distinguaient parmi les hautes montagnes; les vastes forêts avaient conservé leur parure d'automne; la lumière et l'ombre, en se jouant dans ces forêts alpestres, ajoutaient de nouveaux charmes à ce panorama d'une beauté sans égale.

Sortant du massif des montagnes, la caravane entra, le 7 juin, dans la plaine de Chicova, où le Zambèze se déploie largement. Le voyage s'effectua lentement, à raison de trois ou quatre kilomètres par heure, et rarement on marcha plus de cinq à six heures par jour. Dans un pays chaud, c'est tout ce qu'un homme peut faire sans s'épuiser.

Souvent le docteur a l'occasion d'observer combien l'aspect des blancs est effroyable pour les nègres. Quand la caravane entre dans un village qu'aucun Européen n'a encore visité, le premier enfant qui aperçoit les hommes « cousus dans des sacs » s'enfuit en donnant des signes d'épouvante. Alarmée par les cris du bambin, la mère sort de sa case, mais y rentre à la vue de la terrible apparition. Les chiens se sauvent, la queue entre les jambes; les poules se réfugient en piaillant sur les toits des cases. Les deux ânes de la caravane sont également un objet de surprise et d'effroi; leur braiement rauque et sifflant stupéfie les indigènes, qui ne se rassurent que lorsqu'ils s'aperçoivent qu'il n'en résulte rien de fâcheux, et surtout quand les Zambéziens de l'escorte leur ont affirmé en riant que les blancs n'avaient pas pour habitude de manger des noirs.

Le chemin de la caravane la conduit souvent à travers de vastes solitudes dont la vie paraît absente et qu'enveloppe un calme profond. Pas un être animé; l'air est immobile, le ciel et la terre sommeillent. La caravane, se traînant avec peine sur la plaine brûlante dont l'éclat l'aveugle, ressemble à un navire flottant sur la mer déserte.

Le 9 juillet, au-dessus du confluent de la Cafoué, les voyageurs gravissent une rampe élevée qui leur donne le splendide spectacle des deux cours d'eau et de la riche contrée qu'ils arrosent.

A partir du confluent, la rive gauche et les îles du Zambèze ont une population nombreuse. La rive droite, au contraire, est absolument déserte; Mosilicatsi, chef des Tébélés, ne permet pas qu'on s'y établisse, afin qu'il ne s'y trouve personne pour donner l'alarme quand il envoie ses guerriers faire une razzia au delà du fleuve.

Un peu en avant du confluent de la Cafoué, beaucoup d'indigènes n'ont pour vêtement qu'une pipe et un enduit d'ocre rouge, ce qui les fait nommer Baenda Pezi ou *Va-tout-nu*. Livingstone voulut savoir d'eux si cette nudité était le signe d'une espèce d'ordre ou de confrérie. Ils lui répondirent que c'était une habitude dont il leur était impossible d'expliquer la raison. La pudeur chez eux est complètement éteinte. « Mais, s'écrie le docteur, quoi qu'on puisse dire en faveur de la nudité des statues, je suis frappé d'une chose : c'est que l'homme déshabillé est un animal très laid. »

Le 4 août, on arriva au premier village reconnaissant l'autorité de Sékélétou, l'ancien ami du docteur. Le lendemain, celui-ci alla voir, revoir et étudier les chutes Victoria, dont la description a été donnée ci-dessus.

Tandis qu'il remontait le Zambèze, sur les rives duquel l'abondance du gibier a quelque chose de phénoménal, Livingstone reçut plusieurs messagers de Sékélétou qui, atteint de la lèpre, appelait auprès de lui « l'ami de son cœur ». Le 18 août, il arrivait à Séchéké.

L'ancienne ville était presque détruite; les habitants l'avaient quittée après l'exécution de leur gouverneur Moriantsiané, accusé d'avoir donné la lèpre au chef en lui jetant un sort. Sékélétou était sur la rive droite, auprès de quelques huttes provisoires. Les docteurs indigènes l'avaient abandonné, le déclarant incurable. Il était soigné par une vieille femme de la tribu des Nyétis, qui lui avait imposé une séquestration absolue. Il reçut cependant Livingstone et réclama ses soins. Privé de tous les médicaments employés d'ordinaire pour les maladies de peau, le docteur essaya d'une application de pierre infernale et d'une potion caustique à l'intérieur. Le succès dépassa ses espérances. La santé de Sékélétou s'améliora; mais il refusait de sortir de sa retraite, ne voulant se montrer à ses sujets que quand il aurait retrouvé ce qu'il nommait ses avantages physiques.

ABONDANCE DU GIBIER SUR LES RIVES DU ZAMBÈZE.

Le 17 septembre 1860, Livingstone quittait Séchéké avec les plus fâcheux pressentiments sur la ruine des Makalolos. Ces tristes prévisions se réalisèrent en un peu moins de quatre années. Sékélétou étant mort au commencement de 1864, la guerre éclata entre ceux qui convoitaient sa succession. Une portion des Makalolos, opposés à la régence d'Impololo, oncle du défunt, allèrent s'établir, avec leurs bestiaux, sur le lac Ngami. Après leur départ, les tribus s'insurgèrent, Impololo fut tué, et ce royaume, dont une mission habile aurait pu tirer un si grand parti, subit le sort ordinaire des États africains.

Redescendant le Zambèze, les voyageurs visitèrent les cascades de Moamba qui, leur avait-on dit, offraient un spectacle saisissant, mais qu'ils trouvèrent de beaucoup inférieures aux chutes Victoria; déception qui donne lieu à cette boutade du docteur : « Un Mosi-oa-Tounya (nom indigène des chutes Victoria) suffit à un continent ».

Au village de Simariango, on rencontra des forgerons assez nombreux qui emploient des soufflets se rapprochant de ceux qu'on trouve à Madagascar. Ils se composent de deux caisses en bois, de forme circulaire et de petite dimension, dont la partie supérieure est couverte de cuir. Ils auraient l'air de tambours si la peau, au lieu d'être tendue, ne constituait, au contraire, un véritable sac. Le soufflet comprend deux de ces caisses; un tube est adapté à chacune d'elles et l'air y est chassé par la pression du cuir que l'on fait mouvoir au moyen d'un bâton placé au milieu de la poche.

Le 17 octobre, on passa les rapides qui tirent leur nom de l'île de Nacansalo, et le 19 on arriva à ceux de Nacabélé, beaucoup plus dangereux et situés à l'entrée de la gorge du Cariba, qui a beaucoup de ressemblance avec la gorge de Kébrabasa.

Le 24, au-dessous de la Cafoué, on rencontra un Portugais du nom de Séquacha, venu dans ce pays avec une troupe nom-

FORGERONS A SIMARIANGO, SUR LA RIVE DU ZAMBÈZE.

breuse pour chasser les éléphants. Dans cette seule tournée il en avait tué 210. Ce Séquacha est le plus grand voyageur portugais que Livingstone eût encore rencontré ; il se vantait de parler douze dialectes différents. Malheureusement, il n'avait que peu de choses à dire sur les pays et les peuples qu'il avait visités, et ses renseignements méritaient d'ailleurs peu de confiance.

Au nombre des objets d'échange qu'il avait emportés se trouvaient plusieurs horloges américaines d'un prix très minime, articles peu avantageux dans un pays où personne ne s'occupe de la valeur du temps. Un jour, Séquacha remonta ses horloges devant un chef ; celui-ci, effrayé du bruit des ressorts, vit dans ces machines autant d'engins de maléfices mis en œuvre pour attirer une foule de maux sur son peuple et sur lui-même.

Le malheureux trafiquant, accusé de sortilège, fut condamné à payer une forte amende en cotonnade et en grains de verre.

Le 29, on arrivait aux rapides de Mbourouma, qui parcourent 2775 mètres à l'heure, vitesse qui dépassait de beaucoup celle des autres rapides du Zambèze et qui obligea le docteur à décharger ses pirogues et à en transporter le contenu 90 mètres plus bas.

Quinze jours après, les voyageurs entraient dans la gorge de Kébrabasa. Au bout de quelques kilomètres de facile navigation, on se trouva dans un canal étroit, coupé au centre par une cloison rocheuse formant un horrible écueil dont les cavernes tournoyantes s'ouvrent tout à coup et se referment de même. Deux des pirogues passèrent sans accident. Celle du docteur Livingstone, qui venait ensuite, fut prise en flanc et poussée vers l'abîme. A ce moment même, un craquement se fit entendre ; le canot du docteur Kirk venait d'être jeté contre un éperon de la gorge par un bouillonnement soudain et mystérieux du fleuve, bouillonnement qui se produit à intervalles réguliers. Cramponné à une saillie du roc, M. Kirk luttait contre l'action aspirante de l'eau, dont la profondeur était d'environ trente pieds, tandis que, se tenant aux mêmes rochers, le timonier retenait la pirogue. Les naufragés furent sauvés ; mais le docteur Kirk perdit son chronomètre, son baromètre et, ce qui était pis encore, son livre de notes, ainsi que les dessins qu'il avait faits des plantes et des fruits de l'intérieur. Pendant ce temps-là, le canot du docteur Livingstone dérivait toujours vers le tourbillon qui, heureusement, se referma au moment où la pirogue y arrivait.

Le reste de la gorge fut franchi à pied et, le 23 novembre, la caravane rentrait à Tété.

Des matelots laissés à la garde du *Ma-Robert* avaient trouvé un ingénieux moyen de terminer promptement leurs marchés avec les indigènes. Quand ceux-ci demandaient pour leurs denrées plus que les prix courants et refusaient de quitter le navire, les matelots allaient dans la cabine et en faisaient sortir un caméléon. A la vue de cet animal, dont ils ont une frayeur épouvantable, les indigènes sautaient par-dessus le bord et s'enfuyaient à toutes jambes.

Non seulement ces braves marins s'étaient montrés habiles, ils avaient, de plus, fait preuve d'humanité. Un soir, un cri terrible retentit à leurs oreilles ; ils se jetèrent dans le canot et se dirigèrent en toute hâte vers l'endroit d'où partait cet appel désespéré. Un crocodile avait saisi une pauvre femme et la traînait sur un banc de sable. Comme ils arrivaient, la malheureuse poussa un nouveau cri ; le monstre lui avait coupé la jambe. Les matelots tuèrent le crocodile et emmenèrent la femme, qu'ils pansèrent de leur mieux, et la transportèrent ensuite dans une case du village. Le lendemain, quand ils allèrent la voir, ils la trouvèrent mourante ; elle était dans le plus complet abandon et les compresses qu'ils lui avaient mises étaient arrachées. « Je crois, dit l'un des deux hommes au docteur, que son maître, voyant qu'elle n'avait plus qu'une jambe, nous en voulait de lui avoir sauvé la vie. »

Le 3 décembre, on partit pour la côte sur l'*Asthmatique*, que les deux matelots avaient essayé de radouber. Ce fut une rude besogne que celle de le maintenir à flot. Tous les jours de nouvelles avaries : la pompe était désorganisée ; le pont s'effondra ; un soir, trois compartiments s'inondèrent ; il ne restait plus qu'une partie de l'avant qui ne fût pas remplie d'eau. Enfin, le 21 décembre, le pauvre *Asthmatique* échoua sur un banc de sable, et l'eau s'y introduisit de toutes parts. On ne put ni le dégager ni le vider. Une crue survint pendant la nuit, et, le jour suivant, on n'apercevait plus du navire que l'extrémité supérieure de ses deux mâts. La majeure partie des objets qu'il renfermait avait été sauvée.

On partit, le 27, sur des pirogues qu'on avait fait venir de Senna et, le 4 janvier 1861, on arriva au port de Congoué.

Le 31 janvier, le *Pionnier*, le nouveau bateur à vapeur, arriva d'Angleterre et mouilla en vue du rivage. Deux croiseurs de la marine anglaise amenaient en même temps l'évêque Mackenzie et les missionnaires destinés aux riverains de la Chiré et du lac Nyassa des Maravis. Mais le gouvernement portugais s'opposant à la navigation étrangère dans le Zambèze, il fut décidé qu'un des croiseurs transporterait les missionnaires dans une des îles Comores, et les laisserait à la garde du consul anglais, tandis que l'évêque accompagnerait Livingstone pour voir si le pays où la Rovouma prend sa source (on croyait qu'elle sortait du Nyassa) pouvait convenir à l'établissement d'une mission.

Le 25 février, le *Pionnier* jetait l'ancre à l'embouchure de la Rovouma, qui, contrairement à la majorité des fleuves africains, se déverse dans une baie magnifique et n'est pas obstruée par une barre.

On fit 48 kilomètres en remontant le fleuve ; mais les eaux

LE BATEAU A VAPEUR « LE PIONNEUR » SUR LE ZAMBÈZE.

ayant commencé à baisser, il fut jugé prudent de regagner la mer en toute hâte, pour ne pas s'exposer à rester jusqu'à l'année suivante. Si Livingstone avait été seul avec ses compagnons, il aurait continué sa route en barque ou à pied. Mais le but qu'il poursuivait étant le même que celui de l'évêque, il avait le plus vif désir de seconder ses compatriotes dans leur noble dessein. Il se décida donc à repartir pour la Chiré. Une fois la mission établie, il reviendrait explorer la Rovouma et le Nyassa.

Après une halte de quelques jours aux îles Comores, il se dirigea vers Congoué avec l'évêque et ses compagnons. Sept jours après, le *Pionnier* avait gagné la côte et remontait le Zambèze pour se rendre à la Chiré. Arrivé au point où la rivière n'était plus navigable pour le vapeur, il partit avec M. Mackenzie pour les hautes terres, afin de lui montrer la contrée qui, par son altitude et sa température, convenait le mieux à l'établissement d'une mission.

Le 16 juillet, le docteur s'arrêta au village du chef Mbamé, une de ses anciennes connaissances, qui lui apprit qu'une troupe d'esclaves allait traverser le village pour se rendre à Tété.

En effet, quelques minutes après, une longue chaîne composée d'hommes, de femmes et d'enfants, liés à la file les uns des autres et les mains attachées, serpenta sur la colline et prit le sentier du village. Armés de fusils, parés d'une pimpante toilette, les noirs agents du Portugais marchaient comme des triomphateurs sur les flancs et à l'arrière de la colonne. Mais dès qu'ils aperçurent les voyageurs, ils tournèrent les talons et se précipitèrent dans la forêt.

Restés seuls, les esclaves s'agenouillèrent en battant des mains. On eut bientôt fait de couper les liens des femmes et des enfants ; pour les hommes, ce fut plus difficile, chacun de ces infortunés ayant le cou pris dans l'enfourchure d'une forte branche d'environ 2 mètres de longueur, que maintenait à la gorge une tige de fer solidement rivée aux deux

CHAINE DE CAPTIFS AU VILLAGE DE MBAMÉ.

bouts. On parvint cependant à les dégager au moyen d'une scie qui se trouvait dans les bagages de l'évêque.

Il est impossible de s'imaginer avec quelle barbarie les esclaves sont traités par leurs conducteurs. La veille, deux femmes avaient été tuées pour avoir essayé de dénouer les courroies qui les retenaient. Une malheureuse mère, ayant refusé de prendre un fardeau qui l'empêchait de porter son enfant, vit aussitôt brûler la cervelle au pauvre petit. Un homme accablé de fatigue, ne pouvant plus suivre les autres, avait été expédié d'un coup de hache. Un intérêt bien entendu aurait dû empêcher ces meurtres ; mais, dans cet affreux commerce, le mépris de la vie humaine et la soif du sang parlent toujours plus haut que la raison.

Les quatre-vingts esclaves ainsi libérés demandèrent à rester avec leurs sauveurs, et l'évêque se les attacha avec l'espoir d'en faire les membres d'une famille chrétienne.

La partie des hautes terres que voulait visiter l'évêque, avant de choisir l'endroit où il fonderait sa mission, appartenait à un chef manyéma nommé Chigounda, près duquel la caravane arriva le 18 juillet. Ce chef engagea M. Mackenzie à venir se fixer avec lui à Magoméro, et l'évêque se décida à accepter cette proposition. Il devenait dès lors important d'empêcher le pays de se dépeupler, et pour cela il fallait persuader au chef des Aïahouas de renoncer aux razzias d'hommes et de tourner l'activité de ses sujets vers une industrie paisible.

Le 22, l'expédition se porta au-devant de cette armée de maraudeurs qui mettaient tout le pays à feu et à sang. On la rencontra au moment où elle rentrait dans ses foyers, après une sanglante expédition contre trois villages.

En voyant les étrangers, les Aïahouas sortirent en foule et les entourèrent. Sans vouloir écouter le docteur, qui leur criait qu'il venait pour leur parler et non pour se battre ; enivrés par la victoire qu'ils venaient de remporter, et croyant qu'ils auraient facilement raison d'une poignée d'hommes, les brigands commencèrent à décocher leurs flèches empoisonnées. L'un des hommes de l'expédition ayant eu le bras traversé, le docteur et ses compagnons se dirigèrent lentement vers le sommet de la montagne. Ce mouvement de retraite fut attribué à la peur, et les Aïahouas se rapprochèrent d'un élan furieux. Quelques-uns, arrivés à une cinquantaine de pas, exécutèrent une danse hideuse. Le cercle se rétrécissait de plus en plus ; la situation devenait critique et le docteur se vit obligé de commander le feu. Lorsque les assaillants virent à quelle distance portaient les balles, ils prirent la fuite, mais en criant qu'ils suivraient la caravane et qu'ils l'extermineraient pendant la nuit.

On parvint cependant à regagner sans encombre le village qu'on avait quitté le matin. Le docteur était profondément triste d'avoir été contraint de verser le sang !

La mission fut provisoirement établie sur un promontoire formé par un détour du Magoméro, petite rivière limpide et tellement froide que, même au plus fort de l'été, on a les membres tout engourdis quand on les lave dans ses eaux. La localité, d'un aspect agréable, était complètement entourée d'arbres feuillus et majestueux.

Sa présence n'étant plus nécessaire, Livingstone prit congé de l'évêque, regagna le *Pionnier* et, après quelques jours de repos, se mit en mesure d'explorer la haute Chiré et le Nyassa des Maravis.

Parti, le 6 août 1861, dans un canot à quatre rames, en compagnie d'un matelot irlandais et d'une vingtaine de serviteurs, Livingstone remonta la Chiroué, dépassa, en suivant la rive, les cataractes de Murchison, dont il sera parlé plus loin, et arriva au Nyassa le 2 septembre.

La Chiré sort du lac en deux branches qui donnent à la partie méridionale du Nyassa la forme d'une fourche rappelant un peu la botte de l'Italie. La portion la plus étroite a

une trentaine de kilomètres; à partir de là, le lac se déve-
loppe dans la direction du nord et atteint peu à peu une
largeur de 80 à 100 kilomètres. Sa longueur dépasse 320 kilomètres et sa profondeur varie entre 18 et 200 mètres.

Comme toutes les mers étroites et profondément encaissées,
le Nyassa est sujet à des tempêtes subites et d'une incroyable
fureur. Un matin, la pirogue du docteur fut surprise par un
de ces ouragans et forcée de jeter l'ancre à 1600 mètres du
rivage. Les vagues les plus effrayantes se précipitaient trois
par trois, élan qui se répétait après un intervalle de courte
durée; toutes passèrent heureusement sans toucher le canot,
qui, s'il avait été atteint, eût été brisé en miettes. La tour-
mente apaisée, il put continuer l'exploration.

Du côté de l'ouest, aucun affluent de grande importance
ne tombe dans le Nyassa, dont les rives sont accusées par
une infinité de petites baies ayant toutes la même forme.

Le territoire adjacent est bas et fertile, quoiqu'il soit coupé
en divers endroits par des marais peuplés de hérons, de grues
couronnées, de canards et d'oies sauvages et d'autres oiseaux.
Dans la partie méridionale se trouvent des plaines fécondes
de 16 à 20 kilomètres de développement, bordées de chaînes
de collines boisées parallèles à la direction du lac. Plus loin,
vers le nord, les collines se dressent en montagnes dont les
gradins s'échelonnent jusqu'aux confins de l'horizon.

Le paysage est magnifique et les rives étonnamment peu-
plées. Les villages s'y succèdent sans interruption. Quel que
soit l'endroit où abordent les voyageurs, ils sont immédiatement entourés par une foule compacte d'hommes, de femmes
et d'enfants qui viennent regarder les *chirombos*, c'est-à-dire
les animaux sauvages. Leur plus grand plaisir est de voir
manger les *bêtes*. « Jamais, dit Livingstone, les lions et les
singes d'un jardin zoologique n'ont attiré plus de spectateurs.
Il n'y a que l'effet produit par l'hippopotame sur les civilisés
des bords de la Tamise ou de la Seine qui puisse se comparer

à l'effet que nous obtenons ici. » Cependant ces indigènes ne semblaient pas étrangers aux lois de la civilité puérile et honnête ; ils s'appliquaient à laisser aux *animaux étranges* leurs coudées franches et veillaient les uns sur les autres, afin qu'aucun d'eux ne dépassât la ligne qu'on avait tracée sur le sable. Ils étaient également doués de générosité. Une fois, dans un petit village, les indigènes détachèrent leur pirogue, jetèrent leur filet, et revinrent en toute hâte offrir aux voyageurs la totalité de leur pêche.

Une nuit, cependant, ceux-ci furent dévalisés ; il faut dire que c'était aux environs d'un port fréquenté par les marchands d'esclaves. Pendant qu'ils dormaient, des personnages aux doigts subtils s'introduisirent entre leurs lits et les débarrassèrent de la majeure partie de leurs effets.

Le 8 novembre 1861, Livingstone arrivait au *Pionnier* dans un épuisement complet. Jamais il n'avait tant souffert de la faim que dans cette dernière excursion.

Le 11 janvier 1862, après avoir descendu le Zambèze, le *Pionnier* jetait l'ancre à celle des bouches du fleuve qu'on nomme le grand Louabo. Le 30 arrivait la *Gorgone*, vaisseau de la marine anglaise, ayant à sa remorque le brick portant Mme Livingstone, quelques parentes des missionnaires de Magoméro et les vingt-quatre parties d'un vapeur en fer destiné à la navigation du Nyassa et qui fut immédiatement baptisé du nom de *Lady Nyassa* ou *Dame du Lac*.

Le 10 février, on partit pour le Ruo, à l'embouchure duquel on comptait commencer la circumnavigation du lac. Malheureusement, le Zambèze était débordé ; on eut à lutter contre un courant d'une effroyable rapidité ; d'un autre côté, la machine du *Pionnier* était détériorée. Aussi resta-t-on six mois dans le delta, au lieu des six jours que l'on pensait mettre à le franchir. Il fallut renoncer à se rendre directement au Ruo, et l'on s'arrêta à Choupanga pour y monter la coque de la *Lady Nyassa*.

Pendant ce temps, le dévoué missionnaire, l'évêque Mackenzie, mourait, à Magoméro, de la dyssenterie et de la fièvre.

Le 4 avril suivant, la *Gorgone* partait, ramenant au Cap une veuve et des jeunes filles qui, plusieurs mois auparavant, étaient arrivées avec l'espoir de retrouver un mari et un père, qu'elles n'avaient même pu ni embrasser ni revoir.

Presque au même moment, une douleur affreuse atteignit Livingstone. Au milieu d'avril, sa femme fut attaquée de la fièvre, qui s'aggrava de vomissements opiniâtres. En vain le docteur Kirk lui prodigua-t-il ses soins dévoués; elle expira le dimanche 27 avril 1862. On creusa sa fosse à l'ombre d'un grand baobab, et ses rares compatriotes qui se trouvaient là aidèrent le pauvre mari à enterrer la morte.

« Ceux qui ne savent pas, s'écrie le docteur, combien cette brave et bonne épouse avait su rendre agréable sa maison de Colobeng, en faire un séjour délicieux à 1600 kilomètres du Cap, au fond des terres, quelle heureuse influence elle exerçait sur les rudes tribus de l'intérieur par ses vertus, pourront ne pas comprendre qu'elle ait bravé les fatigues et les dangers d'un pareil séjour. Elle les connaissait, ces dangers; mais, dans son désintéressement, elle venait reprendre sa tâche. Au lieu de ce pénible labeur, c'est le repos qu'elle a trouvé. Que ta volonté soit faite, ô Seigneur ! »

Le 23 juin, la *Lady Nyassa* était remontée et mise à l'eau, à la stupéfaction des indigènes, qui ne pouvaient en croire leurs yeux, quand ils virent la masse de fer se balancer avec grâce et flotter légèrement sur le fleuve, au lieu d'enfoncer, comme ils l'avaient prédit : « C'est vrai, disaient-ils, ces hommes-là ont des charmes bien puissants ! »

Mais les eaux étaient tellement basses, qu'il était impossible de partir avant la crue de décembre.

En attendant, Livingstone résolut de reprendre l'exploration de la Rovouma, qui est l'un des déversoirs du Nyassa et se jette dans l'océan Indien.

TOMBE DE MADAME LIVINGSTONE SOUS UN BAOBAB, A CHOUPANGA.

Il arriva à l'embouchure de ce fleuve au commencement de septembre. La navigation en était des plus difficiles. Les eaux étaient basses et les embarcations s'ensablaient souvent; des troncs d'arbres, apportés par les grandes eaux, embarrassaient le courant; en maints endroits, le fleuve se divisait en deux ou trois branches formant autant de bas-fonds où il fallait traîner les bateaux.

Dans le pays des Condés, un coup de fusil tiré sur une vipère servit de prétexte à des hommes armés pour s'élancer sur la berge en bondissant, en tendant leurs arcs et en gesticulant avec frénésie. Après quelques pourparlers, les voyageurs croyaient pouvoir continuer leur chemin, lorsqu'ils furent assaillis par une grêle de flèches empoisonnées; heureusement, ils étaient si près de la rive que tous les projectiles tombèrent au delà des bateaux.

Il fallut faire comprendre aux indigènes la portée des carabines européennes. Après la première décharge, tous disparurent dans les bois.

Il n'y a pas de commerce sur la partie de la Rovouma dont les bandits occupent les bords; mais au-dessus de leur territoire le mouvement des pirogues devient très actif. Les peuplades de l'intérieur, qui récoltent de grandes quantités de riz, en échangent une portion contre le sel que les riverains extraient de certaines parties de la berge.

Quant aux Portugais, bien qu'ils possèdent depuis trois siècles le fort de Mozambique, leur pouvoir ne s'étend que sur le pays qu'ils découvrent de l'affût d'un canon.

La Rovouma se rétrécissait et devenait de plus en plus rocailleuse. A 250 kilomètres de son embouchure, Livingstone dut renoncer à remonter plus avant et reprendre le chemin de la mer.

Toute la population de cette région est fort avide de la chair des crocodiles. Les rives où la femelle va pondre la nuit sont fouillées pendant le jour, et les œufs sont mangés avec délices. Il y a peu de différence de couleur entre le blanc et le jaune de cet œuf; pour le goût, il ressemble à l'œuf de poule, avec quelque chose de crémeux et de sucré.

Après cette exploration, peu décisive dans ses résultats, Livingstone regagna le *Pionnier*, rentra dans le Zambèze vers la fin de novembre, et arriva à Choupanga le 19 décembre. La crue s'étant effectuée, il en repartit pour la Chiré le 10 janvier 1863, remorquant la *Lady Nyassa*.

La vallée, retombée sous le coup des déprédations du trop fameux Mariano, le grand pourvoyeur d'esclaves des traitants portugais, présentait un navrant aspect. Partout on rencontrait des squelettes. On les voyait en monceau, au bas d'une pente située derrière un village, où de nombreux fugitifs, venant de l'est, avaient passé la rivière.

Ce spectacle navra Livingstone; mais l'illustre voyageur trouva dans cette localité une douleur qui le toucha de plus près.

M. Thornton, parti d'Angleterre avec lui, en 1858, avait constaté la hauteur du mont Kilimandjaro (6 000 mètres) et était allé ensuite à la cataracte Murchison. Il trouva dénués de viande les missionnaires qui, après avoir quitté Magoméro, s'étaient établis près de Chibisa, et leur offrit de leur acheter à Tété des moutons et des chèvres.

Les fatigues d'une pareille marche, qui autrefois avait failli tuer le docteur Kirk, excédèrent les forces de M. Thornton. Il revint dans un état de maigreur et d'épuisement douloureux à voir, fut pris d'une diarrhée qui dégénéra en dyssenterie accompagnée de fièvre.

Comme il n'avait presque jamais été malade depuis qu'il était en Afrique, on espérait que son tempérament vigoureux et sa jeunesse le tireraient de ce mauvais pas; mais, dans la nuit du 20 avril, il fut pris de délire, et le lendemain matin il avait cessé de vivre.

On l'enterra le 23, sur la rive droite de la Chiré, à l'ombre d'un gros arbre situé à cinq ou six cents pas de la plus basse des cataractes de Murchison, tout près d'une petite rivière où se trouvaient alors les deux navires.

Persuadé qu'un navire croisant sur le lac et faisant le commerce d'ivoire, au moyen de la Rovouma, pourrait aider à la suppression de la traite, cette iniquité monstrueuse qui pèse depuis si longtemps sur l'Afrique, Livingstone fit démonter la *Lady Nyassa*, afin de lui faire franchir par terre les cataractes.

On commença une route dont la longueur devait être de 55 à 65 kilomètres. Cette route, en raison du nombre des ravins qui bordent la Chiré, il fallut l'aller chercher à 1 500 mètres de la rive, et on dut la tracer sur une pente qui s'éleva graduellement jusqu'à plus de 360 mètres au-dessus du niveau de la mer. Les voyageurs n'avaient pas d'autre aliment que le produit de leur chasse; pas une poignée de grain. L'absence de nourriture végétale, les salaisons, les viandes sèches, les fatigues avaient épuisé les forces des membres de l'expédition, qui tous furent attaqués de la dyssenterie. Le docteur Kirk et Charles Livingstone en particulier furent tellement malades, qu'il fallut se décider, malgré des regrets mutuels, à les renvoyer en Europe.

Le 2 juillet, le docteur reçut une dépêche du gouvernement anglais le rappelant en Europe. Mais comme il était impossible de conduire le *Pionnier* à la mer, il se décida à transporter un bateau de l'autre côté des cataractes, dans le but de suivre la côte occidentale du Nyassa et de vérifier si, comme on l'assurait, les 20 000 esclaves qui passent tous les ans à la douane de Zanzibar, viennent surtout du lac et de la vallée de la Chiré.

Le canot fut porté à dos d'hommes jusqu'à la dernière cataracte. A cet endroit, où la Chiré est moins turbulente, les porteurs lancèrent à l'eau l'embarcation. Mais elle fut saisie par le courant; la corde qui la retenait échappa aux mains des haleurs, la barque se renversa la quille en l'air, pirouetta

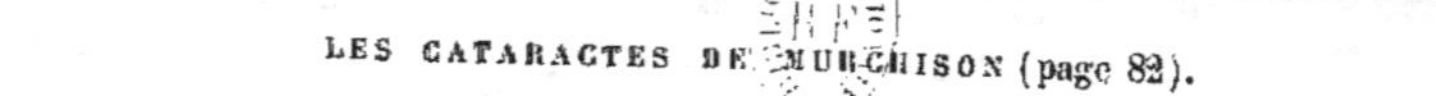

LES CATARACTES DE MURCHISON (page 82).

dans un tourbillon, fut lancée comme une flèche au bas des cataractes et aussitôt engloutie.

Les cataractes de Murchison, dont il s'agit ici, sont au nombre d'une dizaine, occupant un espace d'un peu moins de 64 kilomètres. La plus grande, celle de Pamozima, a une chute de 91 mètres, dont une partie perpendiculaire ; à l'époque des grandes eaux, il s'en élève un nuage de vapeur visible d'une distance de 13 kilomètres.

Sur la rive droite de cette chute s'élève un bois ténébreux. Se promenant seul à travers son ombre épaisse, Livingstone fut saisi par une odeur cadavérique. Levant la tête, il vit des corps enveloppés de nattes et suspendus aux branches : mode de sépulture analogue à celui que pratiquent les Guèbres indiens à Pounah, près de Bombay, dans ce qu'ils nomment « Tours du silence ». Dans la langue du pays, le mot Pamozima signifie « les dieux ou les esprits des trépassés » : désignation parfaitement appropriée à un endroit où, suivant la croyance populaire, les âmes des morts planent sans cesse.

Obligé de renoncer à ses projets de navigation, et plein de confiance en ceux à qui il avait laissé le *Pionnier* et la *Lady Nyassa*, Livingstone continua à pied son exploration.

Il partit le 19 août 1863 ; son but était de marcher au nord-nord-ouest, parallèlement à la direction du lac, de chercher à découvrir si le Nyassa recevait à l'ouest quelque rivière importante, de se renseigner sur le nombre d'esclaves qui traversaient le lac à Tsengo, à Cota-Cota, et sur d'autres points de la partie méridionale, enfin, si le temps le permettait, de visiter le lac Moélo.

A partir de la cataracte supérieure, on suivit la courbe de la rivière jusqu'au pied du Zombo, où le paysage est des plus imposants : les montagnes s'élancent jusque dans les nuages, et le plateau, qui lui-même a une élévation de 2700 mètres, se déploie et se perd dans l'horizon méridional.

Dans un massif de grands arbres on trouva les ruines d'une

grosse bourgade : beaucoup de squelettes, mais pas un être vivant. Ce lieu, jadis si peuplé, était devenu l'habitation exclusive des bêtes sauvages.

Le 24, on arriva à la Ribvé-ribvé ou Rivi-rivi, qui prend sa source dans les monts Maravis et se jette dans la Chiré. Elle divise le territoire en deux provinces, le Banda et le Nkouési. Les nombreux villages, admirablement ombragés, sont tous déserts, par suite de la chasse à l'homme; les éléphants dépouillent et mutilent, sans que personne les dérange, les figuiers à large cime qui abritent les cases abandonnées.

Le 25, on atteignit une chaîne dont le point culminant est un grand bloc de granit complètement nu et de forme arrondie; on le nomme le Mvaï. En général, toutes les montagnes sont maigrement boisées d'arbres rabougris. La chaîne qui court des cataractes Murchison jusqu'au nord du Nyassa a reçu de Livingstone le nom de Kirk, en l'honneur de son ami le docteur. Ce massif s'élève d'un millier de mètres au-dessus du plateau, ce qui lui donne une altitude totale de 1 500 mètres.

Au pied de la chaîne se trouve la haute vallée de Gava, vallée charmante, au sol accidenté et bien arrosé, mais qui aussi est ravagée par les chasseurs d'esclaves. Une grande partie des terres avait été mise en culture. On voyait les buffles paître dans les jardins abandonnés; quelques-uns poursuivaient des femmes, qui n'échappaient que grâce à la rapidité de leur course.

Les voyageurs descendirent de là dans une riche vallée onduleuse, que traversent des cours d'eau allant vers le lac, et où la chaleur est moins intense que dans la vallée de Gova.

Le sentier qu'ils suivaient les conduisit au village du chef Catosa, village situé près d'une rivière, au milieu d'arbres gigantesques. Ce chef les reçut à merveille et leur fit servir en abondance du potage, de la bière et du buffle. Il les considérait comme ses bazimos (esprits bienfaisants de ses ancêtres); car, à l'époque où il demeurait au lac Pamalombé, ils étaient tombés du ciel à ses côtés : des hommes comme il n'en avait jamais vu et qui venaient on ne savait d'où. Il leur donna pour demeure une grande et belle case, d'une propreté remarquable.

En approchant, le 1ᵉʳ septembre, des estacades du chef Chinsamba, sur les rives du Lintipi, Livingstone apprit qu'on s'y était battu la veille. Les maraudeurs Aïahouas avaient emmené beaucoup de femmes qu'ils avaient saisies chargées de grains. Au moment de se retirer, ils coupèrent les oreilles à une de leurs captives et la renvoyèrent à Chinsamba avec mission de lui dire de bien soigner le grain qu'il avait dans ses estacades, parce qu'ils reviendraient le chercher dans un mois.

Chinsamba fit un excellent accueil aux explorateurs et leur fit présent d'un immense panier de bière. Ce chef a quelque chose du type juif, ou plutôt du visage assyrien, tel que le montrent les anciennes sculptures. Ce genre de traits est commun dans ce pays, ce qui fait croire à Livingstone que le vrai type nègre n'est pas celui qu'on trouve sur la côte occidentale, et d'après lequel on se représente les Africains.

On quitta Chinsamba le 5, et le 8 on arriva à Molamba, auprès d'une connaissance, Ncomo, dont le repos n'avait pas été troublé par les maraudeurs.

L'un des grands avantages de la route suivie actuellement par le docteur était de pouvoir se baigner partout dans le lac, plaisir que la présence des crocodiles lui interdisait souvent sur les bords du Zambèze et de la Chiré. Ce n'est pas que cet amphibie n'habite pas le lac; mais ayant toujours du poisson en abondance et une eau transparente qui lui permet de le voir et de l'attraper, il n'attaque l'homme que dans des cas extrêmement rares.

A un jour de marche de Molamba se trouve le lac Chia, petite nappe d'eau de 5 ou 6 kilomètres de longueur sur 1 500 à 2 000 mètres de largeur, située parallèlement au Nyassa,

BUFFLES DANS UN JARDIN (page 83).

avec lequel elle communique par un canal profond, mais obstrué par des rochers.

Livingstone aperçut sur ce lac une cinquantaine de pirogues occupées à pêcher au moyen d'un filet monté sur deux perches croisées à l'extrémité, comme le filet dont on se sert en Normandie.

Un fait qui a frappé le docteur, c'est que, malgré le nombre des générations écoulées, il ne s'est introduit aucune innovation dans les instruments et outils dont se servent ces peuplades pour les différents usages de la vie.

Les marteaux, les pinces, les houes, les cognées et les manches, les aiguilles, les arcs et les flèches, la façon de garnir de plumes ces dernières; les lances, les javelines de chasse ayant, de chaque côté du fer, une sorte de volant qui imprime au trait le mouvement tournant d'une balle de carabine; les pierres à moudre le grain, la fabrication des vases pareils à ceux des Hindous; l'art de filer et de tisser, de faire amortir dans l'eau la fibre des arbres, de l'assouplir par le battage et de la transformer en étoffe, de préparer les aliments, de brasser la bière et de la filtrer, comme on faisait dans l'ancienne Égypte; les hameçons, les filets de chasse et de pêche, les nasses en vannerie, les palissades conduisant le poisson dans les pièges et qui sont les mêmes que celles employées dans les montagnes d'Écosse; les trappes destinées aux animaux: toute cette fabrication est restée la même et s'est perpétuée d'âge en âge.

Le 10 septembre, l'expédition parvint à la baie de Cota-Cota, d'où elle prit, à l'est, la route suivie par les marchands d'esclaves. Le 15, elle atteignait le sommet du Mdondo, terme de son ascension, à 1400 mètres au-dessus du niveau de l'Océan.

L'air des hauteurs, si vivifiant pour le docteur, produisit un effet tout contraire sur les hommes de son escorte habitués aux fièvres du delta du Zambèze. Cinq d'entre eux tombèrent dans un état de faiblesse générale et se couchèrent en se plaignant de douleurs dans tous les membres. L'un d'eux mourut le lendemain, tué, chose singulière, par le passage d'un air insalubre à un air plus limpide et plus pur.

C'est dans cette région que Livingstone apprit quand et comment les marchands d'esclaves font leur chasse à l'homme. L'époque est celle où l'herbe, pareille aux blés d'Europe quand on les rentre, est assez sèche pour s'embraser promptement. Que le lecteur se figure un de nos villages entouré de blés assez grands pour atteindre la crête des toits des chaumières, et dont les champs se prolongent jusqu'aux limites de l'horizon; le feu mis tout à coup à cette paille, sur une largeur de 2 à 3 kilomètres; le vent poussant l'incendie vers le village condamné; la flamme bondissant à 10 mètres de hauteur, au milieu d'une épaisse fumée noire, et les éclats de la paille retombant en averse charbonneuse; enfin, les habitants n'ayant que des arcs et des flèches à opposer aux mousquets des assaillants. Quel est le paysan d'Europe qui ne se hâterait de fuir loin de cette muraille ardente?

Le 21 septembre, Livingstone arriva chez le chef Mouazi, qui commande à de nombreux villages fortifiés, perchés sur des éminences de granit. Celui qu'il habite se trouve à 3 kilomètres au sud-ouest du mont Késoungou, qui donne son nom à une province bornée par la Loangoua, affluent de la rive occidentale du lac.

Livingstone passa deux jours dans cette localité pour donner à ses malades le temps de se remettre, et se rendit aux cours d'eau herbus et marécageux qui servent de sources à la Loangoua.

C'est là que le docteur reconnut l'erreur qui lui avait fait croire, d'après les renseignements fournis par les indigènes, que le Zambèze recevait toutes les eaux de cette région. La pente incline d'une part vers l'est, de l'autre vers le sud-ouest, l'ouest et le nord-ouest. Quand on a quitté les affluents du Nyassa, on voit les eaux s'écouler vers le centre du continent. Aussi Livingstone pense-t-il que c'est avec raison que l'on a comparé l'Afrique équatoriale à un chapeau de feutre noir dont la forme serait un peu déprimée et les bords bossués ; car si, par endroits, le bourrelet du bassin a une hauteur considérable, en d'autres, par exemple à Tété, ou après les chutes Murchison, il s'abaisse presque au niveau de la mer.

« En Afrique, dit Livingstone, rien n'atteste l'activité humaine. Pour seules routes, des pistes de 40 à 50 centimètres de large, serpentant de village à village ; des sillons creusés par des pieds nus, ayant horreur de la ligne droite et ne s'étant jamais hâtés. Pas d'autres ruines que la cendre des bourgades auxquelles on a mis le feu ; de légères couches d'argile rouge, qui portent l'empreinte des roseaux qu'elles recouvraient, indiquent la place des cases dont elles formaient le crépi. Pour monuments, des amas de pierres amoncelées dans les gorges des montagnes où serpente le sentier. Aucun souvenir ne s'y rattache ; seulement, d'après les paroles que leur adressent les indigènes : « Salut, ô chef ! permets qu'on nous reçoive bien dans le pays où nous allons, » il est probable que ces monticules sont des tombeaux.

« Non seulement, comme je viens de le dire, il n'existe pas de monuments historiques construits par l'homme, mais jamais mes recherches ne m'ont mis à même de trouver les pierres taillées en armes ou en instruments qu'on a découvertes dans les autres parties du globe : aussi bien près d'Abbeville que sous les fondations de Babylone ; aussi bien dans la Patagonie, à l'extrémité de l'Amérique méridionale, que dans l'Océanie.

« A présent, on dirait volontiers que cette région n'a pas eu d'autres armes ou d'autres instruments que ceux de bois et de fer. Tous les trois ou quatre villages, je vois un petit édifice de deux mètres de haut sur un mètre de diamètre à peu près, et qui ressemble à un four. Construit en argile durcie au feu, cet édifice est un fourneau servant à la fonte du fer. On emploie le minerai tel qu'on le trouve ; ce qui n'empêche pas les indigènes d'obtenir un métal excellent : à ce point qu'ils déclarent que le fer anglais est *pourri*, en comparaison du leur, et que des houes africaines ont été trouvées en Angleterre d'une qualité presque égale à celle du meilleur fer de Suède. »

Le 27 septembre, Livingstone arriva au village de Chinanga, où s'arrêta sa marche vers le nord-ouest. Si le temps ne lui avait pas fait défaut, il aurait accompli le tour du Nyassa et visité le lac Bembo, dont il ne se trouvait qu'à dix jours de marche. Mais les pluies, dont la saison avançait, l'auraient empêché de traverser les plaines, et il se trouvait obligé d'obéir aux ordres du gouvernement, qui, comme il a été dit, avait mis un terme à sa mission. Il se décida donc à revenir sur ses pas.

« Une nuit, raconte-t-il, couché assez près d'une hutte pour entendre ce qui s'y passait, je fus réveillé, sur les deux heures, par le bruit du grain qu'on broyait sous la meule. « Ma, dit une voix enfantine, pourquoi moudre quand il fait noir? » La mère engagea la petite fille à dormir et lui donna la matière d'un beau rêve en ajoutant : « Je fais de la farine pour en acheter de l'étoffe aux étrangers, afin que ma mignonne ressemble à une belle dame. » En observant les races primitives, on trouve continuellement chez elles de ces traits d'une nature essentiellement humaine et qui nous sont familiers. »

Le moulin de ces indigènes se compose d'un bloc de granit, de 38 à 46 centimètres carrés sur 12 ou 15 d'épaisseur, et d'un morceau de quartz de la dimension d'une demi-brique, dont l'un des côtés est bombé de façon à s'adapter dans un creux en forme d'auge pratiqué dans le bloc, qui est immobile.

Quand la femme a du grain à moudre, elle s'agenouille, saisit à deux mains la pierre bombée et la promène, dans le creux de la pièce inférieure, par un mouvement semblable à celui du boulanger qui presse sa pâte et la roule devant lui. Tout en la faisant aller et venir, elle pèse de tout son poids sur la meule et, de temps en temps, remet un peu de grain dans l'auge du bloc. Celui-ci est incliné, en sorte que la farine, à mesure qu'elle se fait, tombe sur une natte destinée à la recueillir.

C'est certainement là le moulin primitif, qui a dû précéder le moulin à bras des Orientaux.

Le 11 octobre, on se retrouvait auprès du chef Chinsamba. Pour reconnaître son excellent accueil, Livingstone lui donna une bougie, le comble du luxe à ses yeux, et des allumettes chimiques. Avoir du feu tout à coup et de la lumière sans fumée, lui qui, le soir, s'il veut regarder quelque chose, est obligé d'allumer un tortillon d'herbe sèche, qui dure peu, éclaire mal et dégage une fumée âcre et mordante! Dans son ravissement, il manda auprès de lui tous ses parents et les groupa lui-même pour qu'ils fussent témoins de ces surprenants phénomènes.

Les devoirs de sa charge n'ont rien que de respectable, car un chef africain est très occupé des affaires de ses sujets. On le consulte à propos de tout; et il donne son opinion avec un luxe de paroles qui prouve sa connaissance intime de la topographie du district. Il connaît chaque parcelle mise en culture, chaque piège établi dans la rivière, chaque filet de chasse ou de pêche, chaque métier, chaque enfant de la tribu. Toutes les fois qu'il arrive une naissance, elle lui est annoncée et il envoie aux parents ses félicitations.

Quant au hongo, présent qu'il est d'usage d'offrir au chef du district où l'on passe la nuit, il se compose en général de quatre à huit mètres de calicot. Pour les chefs d'un rang plus élevé, le docteur avait de brillants costumes fabriqués à Manchester, et imitant les robes de la côte occidentale. Chacun de ces costumes coûtait de six francs vingt-cinq à sept francs cinquante centimes. A ce vêtement, d'une étoffe solide et de couleur éclatante, il ajoutait des cuillers de fer, un couteau, des aiguilles, un plat d'étain ou un poêlon : objets plus estimés qu'une quantité de cotonnade qui coûterait trois fois plus. Une valeur de dix à treize francs satisfaisait amplement les plus avides.

Dans les premiers jours de décembre, Livingstone arriva au *Pionnier* et eut la joie de trouver en bonne santé ceux à qui il en avait confié la garde. La crue subite de la Chiré lui permit de partir le 19 décembre. Un accident arrivé au *Pionnier* en doublant un banc de sable, et qu'il fallut réparer, ne lui permit d'atteindre la mission que le 2 février 1864.

Le 13 du même mois, le docteur rencontra, à l'embouchure du Zambèze, l'*Oreste* et l'*Ariel*, vaisseaux de la marine anglaise, qui prirent à la remorque le *Pionnier* et la *Lady Nyassa* et les conduisirent à Mozambique. Deux mois plus tard, Livingstone arrivait à Zanzibar, où ses compatriotes le reçurent de la façon la plus hospitalière.

Ayant le plus vif désir de vendre la *Lady Nyassa*, et Bombay étant le seul marché qui fût à sa portée, il se résolut à courir la chance d'atteindre ce port avant la période orageuse.

Après avoir embarqué quatorze tonnes de houille, il partit de Zanzibar le 30 avril. L'équipage se composait de sept indigènes des rives du Zambèze, de deux mousses, et de quatre Européens, à savoir un chauffeur, un matelot, un charpentier, enfin lui qui faisait les fonctions de capitaine du navire. La *Lady Nyassa* donna de nouvelles preuves de ses qualités précieuses ; et les Zambéziens se montrèrent parfaits matelots, bien qu'avant d'être avec lui, pas un seul n'eût vu la mer. Il ne les avait pas choisis. Ils avaient été pris au hasard parmi plusieurs centaines qui étaient venus s'offrir pour remplacer les douze rameurs de l'excursion de la Rovouma.

Après avoir perdu beaucoup de temps à s'agiter sur la mer silencieuse, au milieu de dauphins, de poissons volants et de requins sans nombre, on eut six jours de fortes brises, puis les calmes revinrent.

Enfin, dans les premiers jours de juin, on aperçut une terre voilée d'une brume épaisse, vers laquelle une forte houle poussait le navire. C'était l'Hindoustan. Bientôt on distingua la forêt de mâts du port de Bombay. La *Lady Nyassa* venait de faire une traversée de plus de quatre mille kilomètres; mais elle était si petite qu'elle passa inaperçue et jeta l'ancre sans être interrogée.

Résumons en peu de mots cette longue exploration de vingt-quatre années (1840-1864).

Livingstone a trouvé le lac Ngami et les salines de Nchocotsa, le Zambèze et les chutes Victoria; remonté la Liambaïe et la Liba; vu le lac Dilolo et constaté la ligne de séparation des eaux s'écoulant d'une part dans le Zambèze, de l'autre dans le Zaïre; traversé de part en part le continent africain, depuis l'embouchure du Bengo, dans l'océan Atlantique, jusqu'aux bouches du Zambèze, dans la mer des Indes; il a remonté la Rovouma, étudié la Chiré, trouvé les marais des Éléphants, puis les lacs Pamalombé et Chiroua; il a remonté le Nyassa des Maravis jusqu'au onzième degré de latitude méridionale; enfin, le premier, croyons-nous, des Européens, il a vu le commerce des esclaves au lieu même de son origine et l'a suivi dans toutes ses phases. Grâce à lui, on sait que l'Afrique tropicale n'est pas le désert brûlé, le sable aride, la zone fabuleuse que l'on s'imaginait; que c'est, au contraire, une région féconde, ressemblant à l'Amérique du nord par ses grands lacs, à l'Hindoustan par ses forêts impénétrables, ses basses terres humides, ses plateaux élevés.

Ces résultats sembleraient suffisants pour la vie d'un homme. Ce n'était pas l'avis de Livingstone. Dans sa ferveur de missionnaire et de philanthrope, il se sentait moins disposé que jamais à abandonner aux commerçants d'esclaves les régions qu'il avait parcourues.

A peine arrivé à Londres (20 juillet 1864), il décidait qu'il repartirait aussitôt après que la publication de ses voyages serait terminée et qu'il aurait achevé les préparatifs d'une dernière expédition.

Il se proposait dès lors de pénétrer dans les terres au nord des possessions portugaises, et d'y introduire un système dans lequel l'établissement d'un commerce licite et celui des missions chrétiennes se joindraient aux efforts des navires consacrés à la suppression de la traite des noirs ; et, sans négliger cette tâche, d'essayer de côtoyer le bord septentrional du Nyassa des Maravis, puis la rive sud du lac Tanganyka, afin de reconnaître la ligne de partage des eaux dans cette portion du continent africain.

Ainsi Livingstone restait fidèle à sa double vocation de missionnaire et de savant. Nous allons voir comment il se dévoua à cette tâche qui devait lui coûter la vie.

L'AFRIQUE CENTRALE

DU NYASSA DES MARAVIS AUX LACS TANGANYKA ET BANGOUÉLO

ET AU LOUALABA (HAUT CONGO)

(1866-1873)

Parti d'Angleterre en 1865, Livingstone arriva à Zanzibar le 28 janvier 1866, sur la frégate à vapeur *Thulé*, qu'il était chargé d'offrir au sultan de Zanzibar de la part du gouvernment anglais.

Le docteur fait une triste peinture de l'île de Zanzibar, sur la plage de laquelle, sur une étendue de plus de 5 kilomètres, se déposent des ordures de toute sorte d'où s'élève une odeur effroyable. « Ce n'est pas Zanzibar que devrait se nommer la ville, dit Livingstone, mais *Puantibar*. » L'air est infecté et les tempéraments les meilleurs s'y délabrent promptement.

Le 2 mars, Livingstone visita le marché aux esclaves, où trois cents individus environ étaient exposés. Tous, sauf les enfants, semblaient honteux de leur position. On leur regarde les dents, on examine leurs jambes; on jette un bâton pour qu'en le rapportant l'esclave montre ses allures; on les traîne au milieu de la foule en criant sans cesse le prix que l'on en désire. Les acheteurs sont, pour la plupart, des Persans et des Arabes.

Le docteur s'occupait sans relâche des préparatifs de son départ.

Il s'arrangea avec le fermier de la douane de Zanzibar pour envoyer dans le pays d'Oudjidji, sur les bords du lac Tanganyka, une certaine quantité d'étoffes et de grains de verre, qui devraient lui servir d'articles d'échanges, lors de son arrivée dans cette contrée, ainsi qu'une provision de thé, de farine, de sucre et de café.

Sa caravane se composait de treize cipahis [1], de dix indigènes de l'île d'Anjouan, une des Comores, et de treize Africains. Il emmenait, en outre, comme bêtes de selle et de somme, 6 chameaux, 3 buffles et 1 bufflon, 2 mulets et 4 ânes, qui furent embarqués sur un daou, petit bateau du pays, ponté à l'arrière.

Le départ eut lieu le 19 mars 1866 et, le 24, Livingstone arrivait à la baie de Mikandani, à 40 kilomètres au nord de l'embouchure de la rivière de même nom.

« Sur le point de rentrer en Afrique, dit Livingstone, je me sens tout joyeux. Quand on y revient avec l'espoir d'améliorer le sort des indigènes, tout s'ennoblit. L'échange des politesses ordinaires, notre arrivée dans un village, nos demandes ou nos réponses, tout cela fait connaître la nation par l'entremise de laquelle leur pays sera éclairé et délivré de la traite de l'homme. »

Les animaux et les hommes furent débarqués et le voyage d'exploration commença.

Le 8 avril, Livingstone était à Nyanghédi, où les animaux commencèrent à être piqués par la tsétsé, la mouche venimeuse dont il a été parlé plus haut, et le 11 à Tandahara. A chacun des villages qu'il traversait, il donnait au chef deux

---

1. *Cipahi*, du persan *sipahi*, soldat, est le nom donné, dans l'Inde, à tous les Asiatiques qui servent dans les troupes européennes. Nous l'avons appliqué, en l'altérant légèrement, à l'un de nos corps d'indigènes algériens, celui des *spahis*.

EMBARQUEMENT SUR LE DAOU.

mètres de çalicot, en échange desquels il recevait un ou deux poulets et une corbeille de riz ou de maïs.

Le 12 avril, on eut à traverser un fourré composé d'arbres peu gros, mais très serrés les uns contre les autres, et tellement entremêlés de lianes que l'on aurait dit des cordages d'un navire. L'une de ces lianes ressemble, pour la forme, au fourreau d'un sabre de dragons ; elle porte sur les deux faces une crête d'où surgissent, à égale distance, des bouquets d'épines acérées. Elle pend en droite ligne sur une longueur d'environ deux mètres ; puis, comme si elle n'était pas suffisamment armée, elle se tord brusquement, semblant obéir à une sorte d'instinct, de façon à mettre ses dards aigus à angle droit avec ceux qui précèdent, et ses lames emmêlées se tendent pour infliger des blessures au passant.

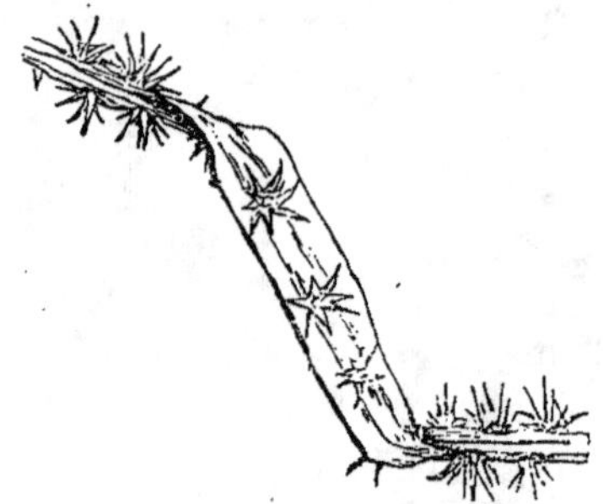

LIANE ÉPINEUSE PARAISSANT SE TORDRE POUR MIEUX BLESSER.

C'est contre ce fouillis inextricable que s'escrimèrent dix Makondés habitués au défrichement des forêts et spécialement engagés par le docteur. Ils se servaient de serpes bien adaptées à ce genre d'ouvrage et de cognées quand il fallait s'attaquer à des arbres, et ils déployèrent une telle ardeur que, dit Livingstone, « lianes et tiges disparaissaient devant eux comme les nuées devant le soleil ».

Le 13 avril, on descendit le plateau qui mène à la Rovouma ; le docteur atteignit le lendemain cette rivière près de l'endroit où il était parvenu avec le *Pionnier* en 1861.

On commença dès lors à marcher dans la direction de l'ouest, en longeant le pied d'un plateau déchiqueté qui encaisse la rivière. Plus on remonte la Rovouma, plus les gens sont tatoués sur le visage et sur le corps ; les dents sont limées en pointe et les femmes portent de grands anneaux aux lèvres. Chez les Mabihas, qui habitent la rive droite, quelques hommes se décorent du *pélélé*, ce bizarre ornement de la lèvre supérieure qui a été décrit et représenté ci-dessus.

Les Makondés, dont le docteur traversait alors le pays, sont dépeints par lui sous d'assez noires couleurs. Il ne savent rien de l'existence de Dieu, et c'est à leurs mères que, dans le péril ou à l'article de la mort, ils adressent leurs invocations. Ne pratiquant aucune espèce de religion, ne croyant pas à la vie future, ils n'ont foi qu'aux talismans. Ils rendent les sorciers responsables des maladies et de la mort. Quand un habitant vient à mourir, toute la population quitte le village en disant : « C'est un mauvais endroit. »

Le 2 mai, la caravane atteignit le Liparou, montagne au sommet plat, d'une hauteur de 210 à 240 mètres. De sa base s'échappe un cours d'eau permanent qui forme une lagune dans la prairie bordant la rivière. Des racines d'arbres en couvrent les rives marécageuses et forment une sorte de parquet ; mais parfois on enfonçait d'un mètre, et il fallait combler les fondrières avec des branches et des feuilles.

Livingstone commençait à se lasser des cipahis faisant partie de son escorte. Dès qu'il n'était plus avec eux, ils s'arrêtaient pour fumer et manger, et laissaient leurs pauvres bêtes de somme au soleil sans les décharger. D'une incorrigible mollesse, ils ne voulaient faire aucun effort, pas même porter leurs sacs et leurs ceintures. Ils ne songeaient qu'à manger ; et ils mangeaient jusqu'à se donner d'affreuses indigestions, et recommençaient immédiatement après.

Le 8 mai, il les laissa à Lipondé avec les animaux, afin de

traverser promptement une contrée où il n'y avait pas de vivres, et d'envoyer au sud et à l'ouest chercher des provisions. Ils ne rejoignirent la caravane que le 27 mai.

Le 19, le docteur arriva à Ngomano, au confluent de la Rovouma et de la Loendi. Cette dernière rivière parut au docteur être la branche mère de la Rovouma, quoique sa largeur soit moins considérable. Toutes les deux sont rapides, peu profondes, remplies d'îlots, de rochers, de bancs de sable et parcourues par de petits canots habilement manœuvrés par les indigènes, hommes et femmes.

Les Makondés, indigènes de cette contrée, cultivent du maïs au bord de la Rovouma, ainsi que dans les îles, dont le terrain est moins sec. Presque tous ont des fusils, de la poudre en abondance, et une quantité de beaux grains de verre ; ils ont des perles rouges, enfilées avec leurs cheveux mêmes, et des cravates de perles bleues, aussi serrées que les cols des soldats.

Le pélélé est d'un usage ordinaire ; les dents sont limées en pointe.

On ne connaît pas, dans cette région, le moyen de faire bouillir la marmite avec des pierres chauffées ; mais on y emploie les nids des fourmis termites en guise de four ; et l'on creuse des trous dans le sol pour la cuisson du pied d'éléphant, de la bosse de rhinocéros, de la tête de zèbre et d'autres grands animaux.

Percer une baguette en en faisant tourner une autre avec la paume des mains pour se procurer du feu est d'une pratique universelle ; il est très commun de voir les bâtonnets qui servent à cet usage attachés aux vêtements ou aux paquets des voyageurs. Les indigènes mouillent avec la langue l'extrémité de la baguette et la plongent dans le sable pour y faire adhérer quelques parcelles de silice, afin qu'elle pénètre plus facilement dans la pièce horizontale. Ils ont pour cela en grande estime le bois d'un certain figuier qui s'allume très vite [1].

1. L'usage du feu a toujours été familier aux hommes. Quant à la fable, qui

Quand il fait humide, ils préfèrent emporter du feu dans un crottin sec d'éléphant ; celui du mâle a environ vingt centimètres sur trente. Ils se servent également, pour ce transport, de la tige d'une certaine plante qui pousse dans les endroits rocailleux.

Ils ont l'habitude de mettre le poisson, la viande ou les fruits sur un châssis, au-dessus d'un feu très lent, pour les faire sécher ; mais la salaison leur est inconnue.

Outre les échafaudages qu'ils emploient comme séchoirs, les Makondés, au lieu de coucher par terre, ont des plates-formes de deux mètres de haut sur lesquelles ils vont dormir ; la fumée du feu qui est au-dessous éloigne les moustiques et, dans le jour, ces estrades servent de lieu de repos et d'observation [1].

La poterie semble avoir été connue des Africains dès les temps les plus reculés ; on en trouve des fragments partout. même parmi les os fossiles de l'époque la plus ancienne.

Marmites et cruches pour l'eau et pour la bière sont fabriquées par les femmes, qui les font à la main et à l'œil, sans l'aide d'aucune machine. Un éclat d'os ou de bambou est employé comme ébauchoir, afin d'étendre les petites mottes d'argile qu'on ajoute pour obtenir plus de rondeur. Le vase, une fois modelé, reste ainsi jusqu'au jour suivant ; le lendemain matin, on y met le bord, on le retouche à plusieurs reprises, et on le polit avec beaucoup de soin ; il est ensuite exposé au soleil jusqu'à parfaite dessiccation. Un feu clair de bouse de vache séchée, de rafle de maïs ou de chaume, d'herbe

montre Prométhée puni pour avoir dérobé le feu aux dieux en faveur des hommes, on en retrouve l'origine dans les livres sacrés de l'Inde. D'après eux, *Agni* ou le feu est tiré de sa cachette par le dieu Matarichvan, qui le remet à Manou, le premier homme. C'est ce feu sacré que les Brahmes reproduisaient en frottant le *pramatha*, ou pièce de bois sec. Ici, le préfixe *pra* indique une extraction forcée, circonstance qui, unie au son du mot lui-même, rappelle naturellement le nom de *Prométhée*. Enfin ce procédé primitif, si semblable à celui qu'a décrit Livingstone, est usité aujourd'hui sur une grande partie de la terre.

1. Le même usage se retrouve chez les nègres du Sénégal.

et de menu bois, est fait dans un trou pratiqué en terre pour la cuisson finale. Ces vases sont, à cinq ou sept centimètres du bord, décorés de dessins tracés à la plombagine, ou gravés dans la pâte, avant qu'elle ait durci, et, dans tous les cas, imitant le tressage des paniers.

Livingstone ayant demandé au chef Tchérécaloma s'il avait entendu parler de gens qui mangent les hommes ou qui ont une queue :

« Certainement, répondit-il ; mais nous avons toujours compris que ces monstruosités-là, ainsi que les autres, n'existaient que parmi vous, gens qui allez sur mer. »

Les autres monstruosités auxquelles il faisait allusion désignaient des compatriotes du docteur qui auraient des yeux derrière la tête aussi bien qu'au visage : on avait déjà parlé de ceux-ci à Livingstone, près d'Angola.

Pendant de longs jours, la caravane s'avança péniblement à travers une contrée desséchée, déserte et incessamment parcourue par des pillards et des marchands d'esclaves.

On ne tarda point à en avoir d'irrécusables témoignages.

Le 19 juin, on rencontra une femme attachée à un arbre par le cou ; elle était morte, elle n'avait pu suivre la bande, et le marchand n'avait pas voulu qu'elle devînt la propriété de celui qui la trouverait. Plus loin, on en vit une autre gisant dans une mare de sang. Toujours le même motif pour le meurtre : furieux de la perte de son argent, le maître soulage sa colère en tuant l'esclave qui ne peut plus marcher.

Un peu plus loin, un des hommes du docteur, s'étant écarté du sentier, trouva une quantité d'individus étendus sur le sol, la fourche au cou. Épuisés de faim et de fatigue, ils étaient trop faibles pour partir. Ne pouvant plus les nourrir, leur maître les avait abandonnés.

La plupart des villages que traversait la caravane étaient abandonnés, en raison de la chasse à l'homme, et les ali-

NÉGRIER TUANT SES ESCLAVES.

ments devenaient de plus en plus rares. C'est à peine si la ration journalière était d'une poignée de grain.

Enfin, le 14 juillet, on arriva à Moembé, résidence du chef Mataka.

Cette ville, située dans une haute vallée entourée de montagnes, compte environ un millier d'habitants ; elle est entourée de nombreux villages. Le chef Mataka, homme d'une soixantaine d'années, habillé à la mode arabe, de bonne figure et d'humeur plaisante, n'avait jamais encore vu d'homme blanc. Il reçut parfaitement Livingstone et lui envoya des vivres en abondance.

Le docteur se trouvait alors dans le pays des Aïahaous, les agents les plus actifs des marchands d'esclaves. Ces marchands arrivent dans les villages et déploient leurs étoffes, qu'il faut payer avec des nègres. Une expédition s'organise chez des tribus voisines dépourvues de fusils ; les prisonniers sont amenés en foule, et c'est ainsi que les caravanes arabes s'approvisionnent d'esclaves.

Makara, Aïahaou lui-même, après avoir longtemps pris part à cet infâme trafic, s'était aperçu qu'il ruinait son pays, et il cherchait à l'arrêter. Les exhortations de Livingstone le confirmèrent dans cette bonne voie et réussirent à l'y faire persévérer.

Le 8 août, la caravane arriva au Nyassa ou lac des Maravis, près de l'embouchure de la Misindjé.

Les Manyémas, qui peuplent la rive du lac, ont une chevelure fort épaisse et la mâchoire peu saillante. Les hommes sont bien faits et les traits de leurs visages sont assez agréables. Quant aux femmes, elles sont massives et fort laides, mais extrêmement laborieuses.

Ne pouvant se procurer de daou pour traverser le lac, Livingstone se décida à se diriger vers le sud et à passer à l'endroit où la Chiré sort du Nyassa.

Il rencontra sur sa route beaucoup de sites d'anciens villages dont on reconnaît l'emplacement au figuier sacré qui en ombrageait la place et aux grands euphorbes qui formaient l'enceinte. Tous les villages avaient été détruits récemment par les Aïahaous, qui, pour fournir aux demandes d'esclaves des Arabes, avaient dépeuplé le pays sur un espace de cinq à sept kilomètres. Partout on rencontrait des crânes et des ossements épars.

L'aspect de ces ruines, de ces traces de meurtre affectait vivement le docteur.

« Dans cette région, dit-il, que d'espoirs trompés ! Là-bas, sur la rive droite du Zambèze, près de Choupanga, est la poussière de celle dont la mort a changé tout mon avenir ; et sur ce lac, où les bateaux d'un commerce légitime devaient faire cesser la traite de l'homme, c est les négriers qui prospèrent !

« Il est impossible de ne pas regretter la perte du bon évêque Mackenzie, qui dort sur la rive de la Chiré inférieure ; avec lui s'est éteinte l'espérance de voir l'Évangile introduit dans l'Afrique centrale. Je déplorerai toujours amèrement le fol abandon que le successeur de l'évêque a fait de tous les avantages offerts par la route de la Chiré. Certes un temps viendra où tout ira bien ; mais je ne vivrai pas assez pour prendre part à la joie, pas même pour voir le commencement des jours meilleurs [1]. »

Le 15 septembre, le docteur crut devoir faire une visite à Mâcaté, l'un des chefs Aïahous qui s'abandonnait le plus à

---

1. L'entreprise, dont Livingstone déplorait si amèrement l'abandon, est entrée dans une nouvelle période d'exécution. M. Young, avec des fonds fournis par l'Église libre d'Écosse, a fondé, sur le cap Mac Lear, au S. du Nyassa, une station missionnaire et industrielle. Sous l'administration du docteur Stewart, cette station, nommée *Livingstonia*, était, à la fin de février 1877, en voie de prospérité et servait de refuge à ceux qui fuient l'esclavage et apportent leur travail manuel en échange de la nourriture. Le lac a cessé d'être le chemin de la traite. Un commerce régulier tend à s'y établir. Le steamer *Ilala* rejoint Livingstonia à Pimbé, sur la haute Chiré et, après les rapides, à une autre station, Blantyre, fondée en 1876, à deux journées de marche de Pimbé et à trois du lac Chiroua.

la chasse à l'homme pour le compte des trafiquants arabes.

La ville de ce chef est située à environ 240 mètres au-dessus du lac. La population est nombreuse et toutes les hauteurs, à perte de vue, sont couronnées de villages.

Livingstone eut avec Màcaté une longue conversation au sujet de la traite. Mais le chef ne fit que rire de ses observations humanitaires, et il fut obligé de le quitter sans en avoir rien pu obtenir.

Le 19, il passait la rivière entre le Nyassa et le petit lac de Pamalombé, puis, suivant la plaine, il se rendit à la résidence de Mponda, grand village situé au bord d'une eau courante. Ce chef possède de nombreux troupeaux de bœufs garnis d'une bosse pesant environ une cinquantaine de kilogrammes et dont le corps est d'une telle dimension que les jambes paraissent toutes petites. Là, comme sur les bords de la Rovouma, le tatouage sert d'ornement; les femmes surtout sont couvertes de dessins qui ont beaucoup de rapport avec le tartan des Écossais.

Quelques jours après, Livingstone fut abandonné par les Anjouannais qui l'avaient accompagné depuis Zanzibar. Effrayés des rapports qu'on leur faisait sur la cruauté des peuplades dont ils avaient à traverser le territoire, ils déposèrent à terre leurs bagages et reprirent le chemin de la côte.

C'est à eux que l'on doit le bruit qui courut alors de la mort du docteur. Pour couvrir leur désertion et toucher la somme qui leur avait été promise en cas de bons et loyaux services, ils prétendirent avoir laissé Livingstone tué dans une embuscade.

Ces gens étaient d'ailleurs tellement voleurs, que Livingstone ne les regretta pas.

Le 1ᵉʳ octobre, la caravane arriva chez Kimesousa, l'un des chefs que le docteur avait si bien catéchisé lors de son premier voyage, qu'il l'avait persuadé de renoncer à la traite des noirs. Aussi, depuis qu'il ne vendait plus ses sujets, son village avait triplé d'étendue. Il reçut son ami avec la plus vive cordialité.

Le lendemain, une vieille femme se présenta au campement et parvint à persuader à Chouma, l'un des serviteurs du docteur, qu'elle était sa tante. Chouma éprouva aussitôt le besoin de lui donner deux mètres de calicot et des grains de verre qu'il vint demander au docteur, à compte sur ses gages. Livingstone donna les perles et refusa l'étoffe. Le pauvre garçon, désolé de ce refus, donna sa cuiller et d'autres objets à sa prétendue parente, bien que celle-ci, avant de s'en être informée, ignorât absolument le nom du père et de la tribu de ce cher neveu.

TATOUAGES (page 108).

Quand Livingstone voulut poursuivre son voyage, Kimesousa l'accompagna pendant quelque temps avec ses femmes, qui se chargèrent d'une partie des bagages de la caravane.

A chaque détour de la route on voyait des villages dont les habitants étaient tous armés d'arcs d'une grandeur peu commune, de flèches et de grands couteaux d'excellent fer. La coiffure des jeunes gens des deux sexes consiste en petites mèches frisées tombant sur les épaules, ce qui leur donne l'apparence des anciens Égyptiens. Souvent la frisure ne pend que d'un côté; chez d'autres, les cheveux sont tressés et relevés de manière à former un bonnet. Les femmes ne se défigurent pas avec le *pélélé ;* mais leurs bras sont couverts de lignes en relief, se croisant en losange. Elles ont dû se soumettre à de longues douleurs pour se faire imprimer ce genre de tatouage.

Le 11, la caravane longea la base de plusieurs montagnes à sommet carré et à flancs perpendiculaires. L'une d'elles, le mont Oulazo, sert de grenier d'abondance aux habitants des villages environnants ; ils y entassent des vivres, en cas d'invasion. Une grosse vache, nourrie sur ce plateau, passe pour savoir quand la guerre va éclater et pour en avertir ses maîtres.

Tous les indigènes de cette région sont des Kânnthoundas, mot qui signifie grimpeurs.

Après avoir traversé le Diâmmpoué, on arriva au joli village de Paritala, dont le chef se nommait Tchitikola ; ce chef était absent pour cause de *milanndo,* c'est-à-dire un cas judiciaire. Lorsqu'un indigène porte plainte contre un autre, il y a milanndo, et les chefs de tous les villages voisins sont appelés pour vider le différend. Les gens de ce pays sont d'un caractère très processif, et pour eux le milanndo semble être la grande affaire de la vie. Quelques épis de maïs ayant été volés, Tchitikola avait été mandé à un jour de marche pour régler l'affaire. Il administra, selon l'usage, le *mouavé* (poison d'épreuve), et l'accusé, l'ayant vomi, fut déclaré non coupable.

La difficulté de se procurer des vivres et l'impossibilité d'obtenir des renseignements sur le pays forçaient Livingstone à de continuels détours et quelquefois à rebrousser chemin plus souvent qu'il n'aurait voulu ; selon son expression, sa marche était celle d'un vaisseau battu par des vents contraires.

Le 10 novembre, sur le bord d'une petite rivière nommée Manudo, qui se jette dans la Boua, on rencontra un village de forgerons manyémas, dont on avait entendu retentir les marteaux depuis le lever du soleil.

CHOUMA ET SA TANTE (page 107).

Ce marteau est une grosse pierre enlacée d'une courroie faite avec une écorce très solide et qui, de chaque côté, forme une boucle par laquelle la pierre est saisie. Deux morceaux d'écorce représentent la pince, et un bloc de pierre, enfoncé dans le sol, constitue l'enclume. Le soufflet est formé de deux peaux de chèvre garnies d'un tuyau d'argile et manœuvrées au moyen d'un bâton fixé du côté de l'ouverture.

Le 29 janvier 1867, Livingstone passa le Chambèze, largement débordé, et le 31 il arrivait au Lopiri, au bord duquel s'étend le village du chef Tchitapanngoua, village à triple enceinte, défendu par un large fossé et par une haie de plantes épineuses.

Tchitapanngoua ou Motoka, ainsi qu'on l'appelle souvent, fit demander au docteur s'il voulait une audience. « Vous devrez avoir quelque chose dans les mains la première fois que vous paraîtrez devant un si grand homme, » dit le messager. Étant fatigué de la marche, il répondit qu'il attendrait le soir, et vers cinq heures il fit annoncer sa visite.

Après avoir franchi la dernière estacade, il trouva de grandes cases, dont une énorme, devant laquelle attendait Tchitapanngoua ; il était assis. Près du chef se voyaient une douzaine d'individus assis également, mais sur leurs talons. Trois autres portaient des tambours ; et une dizaine, peut-être davantage, avaient un grelot à chaque main. Les premiers tambourinaient avec furie ; les seconds agitaient leurs grelots avec non moins de fougue et sur le même rhythme que les tambours. Deux de ces sonneurs, avançant et reculant, profondément courbés, secouaient leurs instruments près du sol, comme pour rendre hommage au chef ; ils conservaient la même mesure. Le docteur refusa de s'asseoir par terre, et on lui apporta une énorme dent d'éléphant en guise de siège. Cette défense lui fut donnée après la séance.

Le chef le salua courtoisement ; il avait la figure rebondie et joviale et les jambes chargées d'anneaux de cuivre et de laiton.

RENCONTRE DE GENS ARMÉS D'ARCS ET DE FLÈCHES (page 107).

Livingstone resta chez ce chef jusqu'au 20 février. Au moment du départ, Tchitapanngoua commanda des hommes pour servir d'escorte à son ami et lui donna, en souvenir, un couteau d'airain à étui d'ivoire qu'il avait porté pendant longtemps. Il lui expliqua ensuite qu'il devait aller au nord; autrement, sa cotonnade serait dépensée avant qu'il eût gagné le Tanganyka. Puis il prit un peu de l'argile du terrain qui les portait et s'en frotta la langue en serment de la vérité de ses paroles.

Le 1er avril, la caravane gravit une petite chaîne de collines. Dès que le sommet en eut été franchi, on aperçut, à travers les arbres, l'eau bleue d'un lac.

C'était l'extrémité sud-est du Tanganyka. Livingstone, qui prit cette nappe d'eau pour un lac distinct, l'a appelée lac Liemba, nom qui peut venir d'un port assez considérable situé sur la côte orientale de cette partie du Tanganyka.

Rien de si calme, de si paisible, pendant la matinée, que cette pièce d'eau. Vers midi, la bise souffle doucement et soulève des vagues d'une teinte bleuâtre.

Des îlots rocheux, situés à l'extrémité orientale, ont pour habitants des pêcheurs. Au nord, le bassin paraît se rétrécir comme en un portail.

Après une contemplation de quinze jours, le lac conserva aux yeux du docteur sa beauté surprenante. Son repos est remarquable; on dit cependant que parfois la tempête le fouette et l'irrite. Il se déploie dans un bassin profond, dont les bords, presque perpendiculaires, ont un manteau de verdure; les rochers qui apparaissent (schiste argileux) sont d'un rouge vif, les arbres d'un vert splendide. De ces rochers tombent de belles cascades; les éléphants, les buffles, les antilopes vaguent sur les parties plates, où ils cherchent pâture et où, la nuit, rugissent les lions.

Livingstone avait touché le lac pour la première fois à Pambété, bourgade entourée de palmiers oléifères, dont la grappe

FORGERONS MANYÉMAS (page 110)

8

de fruits murs exige deux hommes pour être portée. Matin et soir, d'énormes crocodiles se dirigeaient tranquillement vers la rive, où, à la nuit close, ainsi que le matin de bonne heure, ronflait l'hippopotame.

Des éléphants vinrent près des voyageurs ; l'un d'eux cassa les branches qui les entouraient. Le docteur le tira à l'oreille ; mais il le manqua, étant trop faible pour tenir le fusil d'une main ferme.

Le 14 mai, la caravane s'arrêta près de l'embouchure de la Lofou dans le lac, au village de Carambo. Le chef, nommé Tchitimba, dissuada Livingstone de descendre le lac. Il lui dit que tous les Arabes qui prenaient ce chemin étaient tués par les indigènes, en raison du mal qu'ils avaient fait à leur chef Nsama, et qu'il pourrait être confondu avec eux.

Dans ce village se trouvaient réunis de nombreux Arabes noirs du littoral. Hamis, l'un d'eux, se montra pour le docteur d'une bonté parfaite et lui donna non seulement des vivres, mais de l'étoffe et des perles, en même temps que d'utiles renseignements.

Dans ce pays, le Loungou, les habitants sont grands et bien faits et ont l'angle facial à peu près aussi ouvert que celui des Européens. Hommes et femmes ont l'habitude de s'arracher une ou deux incisives de la mâchoire inférieure.

Nsama, l'ennemi des Arabes de Carambo, ayant engagé Livingstone à l'aller voir, le docteur se décida à faire cette visite, dans le but surtout de terminer une guerre qui durait depuis trop longtemps.

Le chef nègre le reçut à merveille et consentit enfin à envoyer à l'Arabe Hamis sa fille, qu'il lui avait promise en mariage, pour cimenter la paix. Cette jeune femme fut expédiée le 14 septembre. Elle arriva à califourchon sur les épaules d'un homme. C'était une jolie fille, à l'air gracieux et modeste, et dont les cheveux étaient teints en rouge. Une douzaine de servantes l'accompagnaient, chacune portant un panier de provisions.

RÉCEPTION DU DOCTEUR PAR TCHITAPANNGOUA (page 140)

Les Arabes étaient en grande tenue; les esclaves, revêtus de costumes fantastiques, brandissaient leurs sabres et déchargeaient leurs fusils en poussant des cris de joie.

Quand la mariée eut gagné la porte de Hamis, elle mit pied à terre et entra dans la maison avec ses filles d'honneur; celles-ci avaient, comme elle, les traits fins et délicats. Livingstone était avec l'époux; il se leva aussitôt et s'éloigna. Comme il passait devant lui, il l'entendit qui se disait à lui-même :

« Hamis-Ouadim-Tagh, où en es-tu arrivé? »

Ayant obtenu les guides dont il avait besoin, le docteur se dirigea, le 22 septembre, vers le lac Moéro.

On eut à traverser des forêts, des plaines immenses et plusieurs cours d'eau, affluents du lac. L'un d'eux, la Tchiséra, d'une largeur de plus de quinze cents mètres, était rempli de plantes aquatiques; la nappe sur laquelle on marchait ondulait souvent et l'on tombait jusqu'à mi-corps dans des nappes d'eau dont on ne se tirait qu'avec la plus excessive difficulté.

La caravane, esclaves et porteurs, au nombre de quatre cent cinquante, était divisée en trois groupes. Les étapes s'effectuaient gaiement.

Les Africains ne résistent pas au plaisir de railler. Si, en route, un des camarades éprouve la moindre mésaventure, par exemple si une branche inaperçue lui jette son fardeau par terre, tous ceux qui voient cela poussent des cris moqueurs; si quelque chose vient à se répandre, ou si l'un des hommes, n'en pouvant plus, s'assied au bord du chemin, le fait est salué des mêmes cris dérisoires. Ils sont tous tenus en haleine par l'envie d'éviter ces railleries. Ils pressent le pas sous leurs charges et se hâtent de dresser le camp, tandis que leurs propriétaires amènent l'arrière-garde et font aider les malades. La distance parcourue dépend entièrement de ce que peuvent faire les maîtres.

Les femmes soutiennent bravement la marche; elles ont

VILLAGE SUR LE LAC LIEMBA (TANGANYKA) (page 112).

toutes des fardeaux sur la tête, excepté la dame qui les commande et qui, étant l'épouse du chef, est coiffée d'un beau châle blanc brodé d'or et d'argent. Toutes ces commandantes ont une allure dégagée, le pas alerte, et jamais ne faiblissent, même dans les plus longues étapes ; de beaux anneaux de cuivre d'un poids considérable, portés au-dessus de la cheville, semblent n'avoir d'autre effet que de leur rendre la marche plus facile. Dès qu'elles arrivent, elles se mettent à faire la cuisine et y apportent une grande habileté, préparant pour leurs maîtres des plats très savoureux avec des fruits sauvages et autres matériaux aussi peu culinaires.

On arriva au lac Moéro le 8 novembre. C'est une nappe d'eau assez grande, flanquée de montagnes à l'est et à l'ouest, et dont les rives, formées d'un sable grossier, gagnent en pente douce le bord de l'eau. Sa rive septentrionale décrit une belle courbe, de l'extrémité de laquelle sort le Loualaba. Il vient, sous le nom de Louapoula, du lac Bemba ou Bangouélo, où, suivant les renseignements donnés au docteur, il entrerait sous le nom de Chambèze.

Après avoir traversé le Calongosi, Livingstone entra dans le pays de Loanda, la véritable patrie du nègre, dit-il. Les traits fins qu'il y rencontra étaient pareils à ceux représentés sur les peintures de l'ancienne Égypte.

Les tribus de cette région obéissent à un Casemmbé, qui n'est pas un chef héréditaire ; ce nom veut dire *général*. Quand un Casemmbé meurt, son successeur élu quitte toujours la résidence du défunt et va établir son *pemmboué*, c'est-à-dire sa cour, dans une autre localité.

Le Casemmbé qu'allait voir Livingstone s'était installé sur les bords du petit lac Mofoué et avait fait faire, pour arriver à sa résidence, une route de deux kilomètres, aussi large que nos chemins carrossables.

La demeure du chef, d'une superficie de trois ares, est entourée d'un mur de roseaux de trois mètres de hauteur.

PASSAGE DE LA TCHISÉRA (page 414).

La porte de clôture est ornée d'une soixantaine de crânes humains.

Livingstone observa que beaucoup d'habitants avaient les oreilles et les mains coupées. Ces mutilations, faites par caprice ou par politique, ont pour but de constater l'étendue de la puissance du despote.

Le Casemmbé reçut le docteur assis, devant sa porte, sur un siège carré posé sur des peaux de lion et de léopard. Il était vêtu de cotonnade de qualité inférieure, imprimée bleu et blanc, lisérée de rouge et formant de larges plis qui la faisaient rassembler à une crinoline mise sens devant derrière. Il portait un bonnet, des manches et des perles de diverses couleurs. Ses dignitaires l'entouraient, chacun d'eux s'abritant d'un énorme parasol mal tourné[1].

Près de lui se tenait son bourreau ordinaire, personnage portant sur le bras un large sabre du pays, et, suspendu au cou, un singulier instrument, espèce de ciseaux dont il se sert pour couper les oreilles. Nul, dans ce pays, n'est certain de conserver ses oreilles; et beaucoup des grands seigneurs présents prouvaient, par cette mutilation spéciale, que leur dignité ne les mettait pas à l'abri du supplice.

C'est un véritable despote que ce chef africain. S'il rêve deux ou trois fois du même individu, celui-ci est accusé d'attentat à ses jours par des artifices secrets, et il est condamné à mort. Toute opération ayant ses repas pour objet, voire la mouture du grain, doit être exécutée dans le plus profond silence, sous peine d'une cruelle punition.

La première épouse du Casemmbé, femme d'un brun clair, ayant tous les traits d'une Européenne, passionnément adonnée à l'agriculture, passait souvent devant la hutte occupée

---

1. Chez les anciens Grecs, et de tout temps en Orient, le parasol a été une marque de dignité; dans les bas-reliefs assyriens, on voit souvent un roi entouré de serviteurs dont l'un tient un parasol. Cet usage s'est continué en Chine et aux Indes.

par le docteur pour se rendre à sa plantation. Douze hommes la portaient dans une espèce de palanquin. Près d'elle étaient deux énormes pipes toutes bourrées de tabac. De nombreux serviteurs couraient devant elle en brandissant des sabres et des haches ; ils étaient eux-mêmes précédés d'un timbalier frappant sur un instrument creux, pour avertir qu'on laissât le passage libre.

Le 13 décembre, un groupe de belles jeunes filles de la maison du Casemmbé vinrent donner au docteur une poignée de main, à la façon du pays : elles placent leur main droite transversalement sur votre main gauche et l'étreignent, puis elles la serrent plusieurs fois à deux mains et renouvellent la pose transversale. Ces jeunes filles faisaient cette visite afin de pouvoir dire un jour à leurs enfants qu'elles avaient vu l'homme blanc.

Livingstone resta dans ces parages plus de six mois, de novembre 1867 à juin 1868, qu'il employa, malgré ses douleurs physiques, à explorer les régions d'alentour.

C'est d'abord le lac Moéro, qu'il visita plusieurs fois.

Dès les premiers vingt-cinq kilomètres vers le nord, sa largeur est de dix-neuf à cinquante-trois kilomètres. Le grand massif des montagnes du Roua y confine. Par un temps clair, on voit une chaîne moins haute se détacher du point culminant de cette masse et courir à l'ouest-sud-ouest ; puis, vers le sud, on n'a plus qu'un horizon maritime. De la hauteur où le vit le docteur, le lac paraît avoir, au minimum, une largeur de soixante-cinq kilomètres, peut-être de quatre-vingt-quinze. La côte ne s'aperçoit qu'avec une forte lunette, et dans les jours les plus purs. Une grande île, appelée Kiroua, est située entre la Mandapala et la Coboucoua, mais plus près de l'autre rive Jamais les indigènes n'ont essayé de traverser le lac au midi de cette île.

Les rives en sont fréquentées par des buffles, des zèbres des éléphants, des lions et des léopards.

Dans le pays de Roua, limitrophe du lac, il vit des cavernes habitées occupant une grande étendue.

Elles se trouvent au flanc des montagnes, sur une longueur de plus de trente kilomètres. Parfois les habitations ont leurs portes au niveau du sol ; ailleurs on n'y accède qu'au moyen d'une échelle. Un ruisseau coule au milieu de cette ville souterraine.

Le 2 juin 1868, Livingstone put enfin partir pour le lac Bangouélo ou Bemba.

Six jours après, sur le bord de la Loulapouta, il trouvait Moïnempanda, frère du Casemmbé, jeune homme qui aurait été très beau sans le défaut de ses yeux, qui sont louches et qu'il tenait à demi fermés. Il vint au-devant de son visiteur avec cette allure particulière que prennent les chefs de ces régions pour faire résonner les anneaux de cuivre et les rangs de perles qui décorent leurs jambes. Ses épaules étaient rejetées en arrière, en raison d'une queue de dix mètres d'étoffe qu'il traînait derrière lui et que portait l'un de ses pages.

Le 18 juillet, Livingstone arriva au lac Bangouélo, très heureux de sa découverte et tout reconnaissant au ciel d'être parvenu jusque-là sain et sauf.

Ce lac est une énorme masse d'eau à laquelle le docteur donne une longueur de 277 kilomètres sur une largeur de 148. Les rives sont plates et déboisées. Il renferme quatre îles très populeuses, habitées par d'habiles pêcheurs dont les pirogues sillonnent incessamment le lac. Le fond du lac est formé d'un sable fin et blanc, et les îles sont entourées d'une ceinture de grands roseaux. Ayant perdu sa ligne de sonde, le docteur ne put constater la profondeur.

Après une excursion en pirogue aux îles du lac, Livingstone revint sur ses pas, traversa la Louonngo, la Kalonngosi et s'arrêta à Kabouabouata, pour attendre les Arabes qui devaient l'escorter jusqu'au Tanganyka.

DÉCOUVERTE DU LAC BANGOUÉLO.

C'était le 1er novembre, et il dut rester dans cette localité jusqu'au 11 décembre. Ce retard faillit lui être fatal.

Un agent arabe, nommé Ben Djouma, avait saisi deux femmes et deux jeunes filles pour remplacer quatre esclaves qui avaient pris la fuite. Le chef du village envoya une flèche aux ravisseurs. Ben Djouma répondit par un coup de fusil qui tua une femme. Aussitôt tout le pays se souleva et vint attaquer la caravane, qui aurait été exterminée sans les Vouanya-Mouézi que le docteur avait avec lui. Ils firent pleuvoir une telle grêle de flèches sur les assaillants, que ceux-ci se virent obligés de renoncer à toute attaque ultérieure.

Pendant le combat, les femmes allaient et venaient dans le village, ayant d'une main le tamis qui leur sert à passer la farine, et de l'autre une branche de figuier qu'elles agitaient, sans doute comme talisman, faisant de temps en temps le geste de vanner et chantant et criant pour encourager leurs amis au combat. On rapporta que l'ennemi avait perdu dix guerriers; mais les morts étaient enlevés immédiatement par leurs compatriotes.

L'attaque dura depuis le lever du soleil jusqu'à une heure de l'après-midi; et les naturels firent preuve d'une grande bravoure. Toutefois leurs flèches ne frappèrent que deux hommes. Ce n'est pas seulement dans la lutte qu'il montrèrent du courage : leur conduite à l'égard des blessés fut admirable: deux ou trois saisissaient aussitôt l'homme tombé et l'emportaient en courant, sans s'inquiéter de ceux qui les poursuivaient, la lance au poing, ni des coups de feu que leur adressaient les autres. Ceux qui avaient à la ceinture une touffe de queues médicinées, c'est-à-dire devenues des talismans, prenaient une marche oblique et arrivaient en trottinant. Lorsqu'ils étaient près de l'estacade, ils lançaient leurs flèches très haut, pour qu'elles pussent retomber sur les hommes; puis ils ramassaient toutes celles qui étaient par terre, prenaient la fuite et revenaient à la charge. Par leur allure dansante, ils croyaient éviter les balles ; et, quand ils entendaient siffler celles-ci, ils baissaient la tête pour les laisser passer ; c'était la première fois qu'ils luttaient contre des armes à feu.

Enfin, le 11 décembre, on partit pour le Tanganyka avec les Arabes qui se rendaient dans l'Oudjidji.

L'année 1869 s'ouvrit douloureusement pour le courageux explorateur. Déjà très souffrant, il voulut, le 1er janvier, traverser la Loufoucou. L'eau était froide et montait jusqu'à la ceinture. Son malaise s'en accrut. Le 3, il avait la fièvre ; le 7, une pneumonie déclarée. « Je ne peux plus marcher, écrit-il ; je tousse nuit et jour et crache le sang ; ma faiblesse est désespérante. Je me vois mourant avant de gagner l'Oudjidji ; je vois les lettres que j'attends ; je les vois là-bas, devenues inutiles. »

On le portait tous les jours sur une katinda, sorte de couchette.

Le 14 février, il arrivait au lac Tanganyka, s'embarquait le 26, et le 14 mars arrivait dans l'Oudjidji, où il croyait trouver la cargaison qu'on lui avait expédiée de Zanzibar ; mais les médicaments, les objets d'échange, le vin, les conserves, les lettres, tout était resté dans l'Ounyanyembé, et le chemin était fermé par la guerre.

Le courant du Tanganyka est bien marqué à l'embouchure des affluents, dont l'eau est d'une teinte plus claire et ne se mêle pas immédiatement à celle du lac. Dans l'Oudjidji, la Louiché en est un bon exemple et fait voir, par de grandes bandes verdâtres qui flottent à la surface, un courant se dirigeant vers le nord, avec une vitesse d'environ seize mètres à l'heure. L'écoulement septentrional commence au mois de février et dure jusqu'en novembre ou décembre. A cette époque, l'évaporation est à son maximum, et l'eau revient doucement vers le sud, jusqu'au moment où les grandes pluies, qui tombent dans cette région en février et en mars, font monter la nappe et retourner le courant. Il semblerait qu'il y eût là un reflux annuel d'au moins trois mois, flux et reflux étant l'effet des pluies et de l'évaporation ; effet produit sur une rivière lacustre d'une longueur de quatre à cinq cents kilomètres, située au midi de l'équateur.

Un sondage effectué près de l'embouchure de la Cabogo donna une profondeur de 596 mètres.

Vers le 17 mai, sa santé étant à peu près rétablie, Livingstone songea à repartir. Il voulait descendre le Tanganyka, afin de s'assurer qu'il en sortait un fleuve. L'exigence des bateliers rendit cette exploration impossible. Il gagna donc la côte occidentale et aborda, le 4 août, dans l'Ougouha, d'où, en compagnie d'un nommé Bogarib et de plusieurs autres Arabes, il se dirigea vers le Manyéma, pays alors inconnu.

Le 10 septembre, on le trouve marchant au nord et au nord-ouest, à travers des populations très denses. Le perroquet d'un gris clair, à queue rouge, devenait commun. Cet oiseau, nommé *kouss*, avait donné son nom à un chef, qui s'appelle *Moïnékouss*, littéralement : seigneur du perroquet, et qui habitait au village de Bambarré.

Lorsque Livingstone y arriva, le 21 septembre, ce chef venait de mourir et avait laissé sa place à ses deux fils : Moïnembeg, l'aîné, qui portait la parole dans les grandes occasions, et Moïnemgoï, le cadet, moins intelligent que son frère, mais qui était le véritable chef et l'héritier du pouvoir central.

Les deux frères étaient inquiets de l'arrivée des voyageurs ; ils les tenaient pour suspects et le firent voir.

Mohamed-Bogarib demanda l'échange du sang, cérémonie qui se borne à faire une petite incision à l'avant-bras de chacun des contractants et à mêler les deux sangs, en se déclarant amis l'un de l'autre.

« Tes gens ne doivent pas voler, nous ne volons jamais, »

dit Moïnembeg, et il disait vrai. Quelques gouttes de sang ont été portées de l'un à l'autre sur une feuille de figuier et mêlées, avec la feuille, à celui qui coulait de l'incision.

« Il ne sera pas pris de volaille, ni d'homme, ajouta le chef.

— Qu'on saisisse le voleur et qu'on me l'amène, répondit Bogarib; celui qui vole est un porc. »

Les indigènes avaient d'ailleurs quelque raison de se méfier des étrangers; leur crainte était naturelle. Ils tombaient chez eux comme d'un autre monde; nul avertissement, pas de lettre, pas de message, pour leur dire qui ils étaient et quels étaient leurs projets; ils pensaient qu'ils venaient pour les piller et pour les tuer. On ne se figure pas leur état d'isolement, leur entier abandon, sans autre appui que leurs charmes et leurs fétiches, qui sont de simples morceaux de bois.

Les fils de Moïnékouss n'avaient qu'une très faible partie de la puissance de leur père; mais ils tâchaient d'imiter sa conduite à l'égard des étrangers. Néanmoins tous les gens du docteur avaient peur des Manyémas, qui passaient pour être des cannibales. Un enfant de la bande s'introduisit dans une hutte, où il resta coi pour manger une banane; sa mère, ne le trouvant pas, en conclut aussitôt que les indigènes l'avaient pris pour le dévorer et se mit à courir dans le camp en poussant des cris affreux :

« Oh! les Manyémas ont pris mon enfant pour le faire cuire! Oh! mon enfant mangé! Oh! oh! oh! »

Le 13 octobre, tout un régiment de fourmis noires, qui habitaient la case du docteur, fut mis en déroute par un détachement de fourmis rouges, nommées *sirafous* par les indigènes, et allèrent se fixer dans un autre endroit.

Quand un essaim de ces émigrants ailés sort de la fourmilière, on dresse au-dessus de celle-ci un grand baldaquin en forme de parapluie. Aussitôt que, dans leur vol, les fourmis se heurtent contre cette toiture, elles tombent et leurs ailes se détachent. Étourdies et gisantes, elles sont balayées et recueillies dans des corbeilles pour servir de comestible ; frites dans la poêle, elles constituent un mets très agréable.

Le 1er novembre 1869, Livingstone, se trouvant suffisamment reposé, partit pour le Loualaba. Il se dirigea d'abord au sud et traversa de nombreux villages accrochés aux pentes des montagnes, afin que l'eau n'y séjourne pas. Pour que le soleil les sèche promptement, les rues sont orientées de l'est à l'ouest ; elles sont généralement alignées et ont, à chaque bout, une maison destinée aux réunions publiques et bâtie en face du milieu de la chaussée. Les toitures sont basses, mais très bonnes, couvertes avec des feuilles qui ressemblent à celles du bananier, seulement plus résistantes, et qui, d'après les fruits de l'arbre qui les donne, paraissent provenir d'une espèce d'euphorbe. Une entaille de cinq à sept centimètres est faite au pétiole dans le sens de la longueur ; par ce moyen, on agrafe la feuille au chevron, qui lui-même est souvent fait de la tige d'une feuille de palmier, fendue de manière à être assez mince. L'eau coule avec rapidité sur cette toiture, qui protège efficacement contre la pluie la muraille faite en pisé. Dans les maisons, il y a propreté et confort.

Où prédominent les pluies du sud-est, le derrière de la maison est tourné de ce côté, et la toiture se prolonge assez loin pour que la pluie n'atteigne pas la muraille. Ces demeures en terre battue restent debout pendant fort longtemps ; il arrive souvent que des hommes reviennent au village qu'ils ont quitté dans leur enfance et réparent le mur qui s'est endommagé. En général, le sol est argileux et fournit des matériaux convenables pour ce genre de bâtisse.

On trouve dans chaque maison de vingt-cinq à trente pots de terre, suspendus à la voûte au moyen d'échelettes en corde d'une fabrication très soignée ; on y ajoute souvent un nombre égal de paniers, attachés de la même manière, et beaucoup de bois de chauffage.

RÉCOLTE DES FOURMIS. (page 127).

C'était le pays des Manyémas, pays admirable. Des palmiers couronnent les plus hauts sommets, où leurs frondes, aux courbes gracieuses agitées par le vent, ondulent avec une beauté souveraine. Les grands bois, ordinairement de huit à dix kilomètres de large, qui séparent les groupes de villages, sont d'une richesse indescriptible. Des lianes sans nombre, de la grosseur d'un câble, suspendent leur réseau à des arbres gigantesques ; partout des fruits inconnus, quelques-uns de la grosseur d'une tête d'enfant ; partout des oiseaux étranges et des singes.

Le sol est d'une extrême fécondité ; et les habitants, bien que divisés par d'anciennes querelles qui ne s'apaisent jamais, cultivent largement la terre. Ils ont obtenu par sélection une variété de maïs dont l'épi a un pédoncule recourbé comme une faucille. Pendant la formation du grain, l'arc de la tige est tourné de manière que l'enveloppe retombe sur l'épi et le recouvre. De grandes haies, ayant cinq ou six mètres de hauteur, sont faites à travers ces champs, en y plantant des perches qui, reprenant racine, émettent des rejets comme celles de Robinson Crusoé, et jamais ne dépérissent. On tend des sarments de liane d'une perche à l'autre, et, après la cueillette, les épis de maïs s'accrochent à ces cordons par leur tigelle arquée. Ce grenier vertical forme autour du village un véritable mur, et les habitants, qui ne sont pas avares, y prennent largement pour donner aux étrangers.

Pour dénicher les perroquets, les hommes fabriquent des échelles de près de 50 mètres de hauteur, avec des lianes qu'ils nouent autour de l'arbre, de quatre pieds en quatre pieds. Près de l'embouchure du Louamo, les habitants, pour échapper aux flèches de leurs ennemis, se construisent des huttes sur les arbres mêmes où nichent les perroquets.

Le 28 décembre, on rencontra un homme portant, enveloppé dans une feuille, le doigt d'un homme tué par vengeance. Dans le pays, c'est un talisman.

A partir de ce jour jusqu'à la fin de janvier, le voyage fut de plus en plus pénible. La caravane marchait droit au nord. Partout, en avançant, on remarquait le soin pris pour dissimuler les habitations et en rendre l'accès difficile. Non seulement les palissades qui entouraient les villages devenaient d'énormes haies vives, mais leur muraille était recouverte d'un rideau touffu d'une espèce de calebasse à larges feuilles, de telle sorte que l'enceinte n'apparaît pas du dehors.

Les habitants étaient honnêtes ; mais, comme ils n'avaient jamais vu d'étrangers, le passage de la caravane les jetait dans un état d'excitation des plus bruyants. Ils venaient de loin, avec leurs grands boucliers de bois, pour la voir ; beaucoup d'entre eux étaient de haute stature et avaient de beaux traits.

Le dattier sauvage, *mouabé* des indigènes, s'était emparé d'une grande vallée ; en tombant, les pétioles de ses frondes, pétioles gros comme le bras et longs de plus de six mètres, avaient fermé tout passage, excepté là où les éléphants et les hommes s'étaient ouvert un chemin. Dans ces pistes, chaque pas d'éléphant avait creusé des fosses où l'on entrait jusqu'au-dessus du genou, ce qui était exténuant : trois heures de ce bourbier avaient fatigué les plus robustes. Un courant d'eau brune passait au milieu ; il montait jusqu'à la ceinture et enlevait un peu de la fange tenace qui couvrait les hommes jusqu'à la cuisse.

Le 9 février 1870, exténué de fatigue, Livingstone arriva à Mamohéla et prit ses quartiers d'hiver chez son chef Moénémokaïa, qui se montra pour lui d'une extrême bonté.

Pendant cette station d'hiver, tous ses gens l'abandonnèrent ; il ne lui restait que trois hommes, Souzi, Chouma et Gardner, avec lesquels, le 26 mai, il se mit en marche pour le Loualaba ; mais, pour la première fois de sa vie, les pieds lui firent défaut ; les écorchures se convertirent en ulcères tenaces, et il dut reprendre, en boitant, la route de

Bammbarré. Il y resta quatre-vingts jours dans l'inaction.

Le 23 août, on tua quatre chimpanzés, nommés sokos par les indigènes. Le feu, mis à l'herbe sèche sur une grande étendue, les avait chassés de leur retraite habituelle et fait venir dans la plaine, où ils furent tués à coups de lance.

Ce grand singe marche souvent debout ; mais alors il se met les bras sur la tête comme pour faire équilibre. Vu dans cette position, c'est un animal très gauche. Un soko adulte poserait parfaitement pour le diable, son aspect est d'une bestialité dégoûtante. Sa face, d'un jaune clair, fait ressortir ses affreux favoris et ses quelques poils de barbe. Son front est vilainement bas, flanqué d'oreilles placées très haut, et surmonte un visage qui est fort éloigné de valoir le grand museau du chien. Les dents sont légèrement humaines ; mais les canines montrent la bête par leur énormité. Les mains ou plutôt les doigts sont pareils à ceux des indigènes. La chair des pieds est jaune ; les Manyémas prétendent qu'elle est délicieuse.

Un homme prenait le miel que renfermait un arbre ; apparaît un soko ; l'homme est saisi par le singe, qui bientôt le laisse partir. Un autre était à la chasse ; il manque un soko ; celui-ci prend la lance, la brise, se jette sur le chasseur, qui appelle à son secours, lui coupe le bout des doigts avec ses dents et s'échappe sain et sauf.

Cet animal ne mange pas de viande ; sa nourriture consiste en fruits sauvages, qui sont très abondants ; il fait ses délices de petites bananes, mais ne touche pas au maïs. Quand il a coupé les doigts de l'ennemi, il les crache. Souvent il mord sans entamer la peau. Après avoir mutilé le chasseur, il le soufflette. Blessé, il arrache la lance qui l'a frappé, mais n'en fait pas usage ; il prend ensuite des feuilles et les met dans sa blessure pour arrêter le sang. Il ne désire pas le combat, attaque rarement un homme désarmé ; et, voyant que les femmes ne lui font pas de mal, il ne les inquiète jamais. « Le soko, disent les Manyémas, est un homme qui n'a rien de méchant. » Il est très fort, craint le fusil, mais pas la lance.

Une jeune femelle, prise au moment où sa mère avait été tuée, fut donnée à Livingstone. Assise, elle mesurait quarante-cinq centimètres de hauteur. Tout son corps était couvert de longs poils noirs, qui étaient jolis quand sa mère les soignait.

C'était la moins maligne de toutes les créatures. Elle paraissait savoir que le docteur était pour elle un ami, et restait tranquillement sur la natte à côté de lui. Si on refusait la main qu'elle présentait pour qu'on l'aidât à marcher, elle baissait la tête et son visage avait les contractions que donnent à la figure humaine les larmes les plus amères ; elle se tordait les mains supérieures, les tendait de nouveau, et parfois une troisième fois pour rendre l'appel plus touchant. Elle s'entourait de feuilles et d'herbe pour faire son nid, et ne permettait pas qu'on touchât à sa propriété. Cette petite créature était fort affectueuse ; elle s'était attachée à Livingstone du premier coup, lui gazouilla un salut, flaira ses habits et lui tendit la main. Au lieu de la serrer, il tapa légèrement cette main ouverte, sans offense : ce qui néanmoins blessa la petite. Dès qu'on l'eut attachée, elle se mit à défaire le nœud de la corde avec ses doigts, et en s'y prenant d'une manière tout à fait méthodique. Un homme ayant voulu l'en empêcher, elle lui lança des regards furieux et essaya de le battre. L'homme avait un bâton ; elle en eut peur, vint s'adosser au docteur et, reprenant confiance, regarda l'homme en face. Elle tendait les bras pour qu'on la portât, absolument comme un enfant gâté ; si on n'y faisait pas attention, elle poussait un cri de colère qui rappelait celui du milan, se tordait les mains comme si elle était au désespoir, et d'une façon toute naturelle. Elle mangeait de tout, refaisait son nid chaque jour, se couvrait d'une natte pour dormir et s'essuyait le visage avec une feuille.

Quelques jours après, un léopard qui avait tué une des chèvres du docteur, fut atteint d'un coup de fusil qui lui brisa les deux pattes de derrière et une de devant. Malgré ces blessures, le léopard bondit sur un homme et le mordit cruellement. C'était un mâle qui mesurait $0^m,62$ de hauteur et plus de 2 mètres de longueur.

Les Manyémas, chez lesquels le docteur était forcément arrêté, sont un peuple brave auquel il ne manque qu'un lien national, chacun de leurs chefs étant indépendant. Ils ont de l'industrie, leurs villages sont bien tenus, l'ordre et la justice y règnent.

Ils sont cannibales, mais ne mangent que les hommes tués à la guerre ; c'est probablement par vengeance, car un chef disait au docteur : « Cette viande est mauvaise, elle me fait rêver du mort auquel elle appartient. » D'après eux, la chair humaine est légèrement salée et ne demande pas à être assaisonnée.

Et cependant, d'après Livingstone, les Manyémas ont des instincts des plus sanguinaires. Il arrive souvent que l'un d'eux jette par terre une plume écarlate de perroquet et défie les assistants de la prendre et de la mettre à leur coiffure. Celui qui accepte le défi doit tuer un homme ou une femme. Une autre de leurs coutumes veut que l'on ne porte la dépouille du rat musqué que lorsqu'on a tué quelqu'un.

Livingstone était horriblement las de son immobilité forcée. Sa vocation l'entraînait.

« Je me suis efforcé, dans ce voyage, écrit-il le 25 octobre 1870, de suivre la ligne du devoir ; ma conduite a été droite, bien que ma route fût tortueuse. Tous les obstacles, la faim, la fatigue, ont été acceptés avec la ferme conviction que je devais persévérer dans ma tâche. Que je réussisse ou non, j'aurai suivi le droit chemin avec calme et conscience : la perspective de la mort ne m'en détournera ni d'un côté ni de l'autre. Pendant les trois premières années, j'ai eu le

JEUNE SOKO (page 133).

pressentiment que je ne vivrais pas assez pour achever mon entreprise. Ce pressentiment, d'abord très vif, s'est affaibli à mesure que j'approchais du but. Il faut que je descende le Loualaba central, puis que je remonte celui du couchant jusqu'aux sources du Katanngâ; et alors je reviendrai. Je prie Dieu que ce soit à mon pays natal. »

Ce dernier souhait ne devait pas se réaliser.

C'est à cette époque que Livingstone baptisa les cours d'eau et les lacs qu'il avait découverts. Au Loualaba central il donna le nom de *Webb;* au Loualaba de l'ouest, celui de *Young.* Au lac *Tchiboungo,* formé par le Loufira et le Loualaba occidental, à la source du Liambaïe (haut Zambèze) et au Loufira, il imposa respectivement le nom des trois hommes qui, de nos jours, ont le plus fait pour l'abolition de la traite des noirs : *Lincoln,* président des États-Unis d'Amérique, *Palmerston,* premier ministre d'Angleterre, et *Bartle Frere,* gouverneur du cap de Bonne-Espérance.

Le 8 février 1871, Livingstone reçut les dix hommes qu'il attendait. Triste escorte : des esclaves n'ayant que le mensonge aux lèvres et disposés à exploiter leur maître.

Il se mit néanmoins en route, le 16 du même mois, dans la direction du Loualaba. Sachant dès lors que le fleuve coulait à l'ouest-sud-ouest, il présuma que ce pouvait être le Congo, hypothèse confirmée plus tard par Stanley, l'homme de cœur *qui a retrouvé Livingstone.*

Le 9 mars, après une marche des plus pénibles, il arrivait chez Kasonnga, jeune chef fort beau, aux traits européens, et très estimé des Arabes, parce qu'il se joint à eux dans leurs chasses aux esclaves.

Le 27, il atteignait le Loualaba, qui, en cet endroit, a 2700 mètres de largeur, renferme beaucoup d'îles et a une profondeur de 2 à 6 mètres.

Pour se faire une idée du chiffre des habitants de cette

NÈGRE DE L'ESCORTE SAISI PAR UN LÉOPARD BLESSÉ (page 134).

région (Nyangoué), il faut voir les marchés, qui sont, dans le pays, une grande institution.

La scène est d'un naturel et d'un entrain inimaginables. Les hommes se promènent en coquetant, vêtus de jupons courts largement plissés et de couleur brillante. Des femmes ont de grandes hottes en forme d'entonnoir, dans lesquelles elles glissent les marchandises qui ne doivent pas être vues. Au-dessus des objets contenus dans le panier, elles portent tout un échafaudage de vaisselle, attaché aux épaules et retenu par une courroie qui passe sur le front; de plus, leurs mains en sont pleines. Jamais on ne ferait porter à un esclave la moitié du poids dont elles se chargent volontairement. Elles travaillent de bon cœur, faisant sonner leurs poteries pour montrer qu'elles sont sans défaut. Il faut voir et entendre avec quelle verve s'énoncent les affirmations! Le ciel et la terre, toute la création est prise à témoin de la vérité de leurs paroles. Le tout se passe loyalement; en cas de différend, toujours facile à arranger, on en appelle au jugement des autres: ils ont tous un grand fonds d'équité naturelle.

A l'un de ces marchés, un étranger avait un paquet de dix mâchoires inférieures, — des mâchoires humaines, — suspendu à l'épaule au moyen d'une cordelette. Questionné par le docteur, il déclara avoir tué et mangé les propriétaires de ces mâchoires, et montra le couteau avec lequel il avait découpé ses victimes. En voyant Livingstone exprimer son dégoût, lui et les autres se mirent à rire.

Mais souvent, par la faute des Arabes, ces lieux de réunion deviennent des théâtres de carnage. Livingstone en fut témoin le 15 juillet.

1500 personnes étaient venues au marché dans le pays de Katounga. Trois Arabes s'y trouvaient. L'un d'eux s'empara d'une volaille; une double détonation retentit et le massacre commença. Chacun prit la fuite en jetant ses marchandises. Tout à coup des volées de mousqueterie partirent d'une

LE DÉFI DU PERROQUET (page 134).

bande postée en bas de la crique; les coups se dirigeaient sur les femmes, qui se précipitaient vers les canots. Hommes et femmes, entassés dans les barques, blessés par les balles, sautaient dans l'eau et s'y débattaient en criant et se dirigeant à la nage vers une île située à 1500 mètres. Le feu continuait toujours et les nageurs disparaissaient l'un après l'autre. « On ne saura jamais, dit Livingstone, le nombre de ceux qui périrent dans cette ardente matinée, où il me semblait que j'étais en enfer. »

Les coupables appartenaient à une bande commandée par un Arabe nommé Tagamoyo, qui, après cet horrible exploit, poursuivit sa chasse à l'homme et mit le pays à feu et à sang. Il revint deux jours après, ayant accompli son œuvre de destruction. Dix-sept villages étaient en flammes!

Tagamoyo avait pris dix-sept femmes; les autres Arabes de sa bande vingt-sept; il y en avait eu vingt-cinq de tuées. On rapporta les têtes de deux chefs notables, afin qu'elles pussent être rachetées, moyennant des esclaves, par les amis de ces deux morts.

Le 20 juillet, le docteur partit pour retourner à Oudjidji et traversa une contrée dont tous les villages avaient été brûlés par les Arabes.

Il avait souvent remarqué chez les Manyémas des effigies humaines : statues en bois, ou cônes d'argile ayant au sommet un petit trou. Le 3 août, chez les Kitetté, il obtint de ce fait une explication satisfaisante.

Ces images s'appellent *bathatas* [1] (pères ou anciens), et les noms de ceux qu'elles représentent leur sont religieusement conservés. Celles de Kitetté portaient évidemment des noms de chefs, qu'on met beaucoup de soin à prononcer et à faire répéter exactement par les enfants.

1. Ces statues rappellent les *personœ* ou *imagines majorum* (figures ou images des ancêtres), masques conservés à Rome autour de l'atrium et portés dans les funérailles des grands par des hommes chargés de représenter les illustres ancêtres.

Les vieillards ont dit au docteur qu'en certaines circonstances, ils offraient à ces effigies de la viande de chèvre que les hommes se partageaient ensuite ; il n'est permis d'en manger ni aux femmes ni aux adolescents.

La chair du perroquet n'est aussi qu'à l'usage des hommes, et seulement des hommes très-vieux.

Livingstone était si malade que chacun de ses pas lui occasionnait une souffrance. Le 7 août, il campa dans un village dont les habitants se rapprochèrent, jetèrent des pierres aux arrivants et cherchèrent à tuer ceux d'entre eux qui allaient chercher de l'eau. En vain le docteur cherchait-il à adoucir ces indigènes exaspérés ; ils ne voulurent rien entendre, se souvenant de ce qu'ils avaient souffert des marchands d'esclaves.

Comme la caravane traversait une forêt entre deux murs d'une végétation compacte, que l'on touchait de la main à droite et à gauche, on arriva à un endroit où des arbres abattus barraient le passage. C'était évidemment une embuscade ; mais on ne put rien découvrir, et l'on pensa que le projet avait été abandonné. Toutefois, en se baissant jusqu'à terre et en regardant en haut vers le soleil, on aperçut une forme sombre : celle d'un homme plein de haine. Un léger bruissement dans le feuillage annonça le jet d'une lance. Une seconde lance, partie à droite, rasa le dos du docteur et alla se planter dans le sol. Les deux hommes qui avaient jeté l'une et l'autre furent vus alors dans une clairière qu'ils traversaient en courant et qui se trouvait à quinze pas en avant ; l'un d'eux tourna la tête et, en fuyant, regarda derrière lui par-dessus son épaule.

Livingstone était à l'arrière-garde ; tous les gens de la caravane étaient passés quand il arriva à l'endroit où ces hommes l'attendaient, le prenant pour Colocolo, c'est-à-dire pour Bogarib.

Une autre lance lui fut jetée par un ennemi invisible et

passa devant lui ; il s'en fallut d'une trentaine de centimètres qu'elle ne l'atteignît.

Ses gens envoyèrent des balles dans le fourré, mais sans résultat, car on ne voyait personne. On entendait cependant à côté de soi l'ennemi qui raillait, et deux des hommes furent tués,

En arrivant à une partie de la forêt qu'on avait défrichée pour la mettre en culture, le docteur remarqua un arbre d'une taille énorme, que faisait paraître encore plus gigantesque sa situation au sommet d'un fourmilière de six mètres de hauteur.

On avait mis le feu à ses racines, et un craquement annonça que le feu avait fait son œuvre. Le docteur n'en ressentit aucune alarme jusqu'au moment où il vit le colosse pencher de son côté. Il rebroussa chemin en courant, et l'arbre tomba à moins d'un mètre derrière, se brisant en plusieurs morceaux et le couvrant d'un nuage de poussière. Si, précédemment, cet arbre n'avait pas perdu ses branches, Livingstone était écrasé.

Ainsi, trois fois dans la même journée, il avait été sauvé providentiellement d'une mort imminente.

Le 23 septembre, le docteur arriva au mont Cabogo, à l'ouest du Tanganyka, où prend naissance la rivière Lognoummba qui plus bas devient la Louassé, puis la Louamo, nom sous lequel elle se jette dans le Loualaba. Livingstone croit que cette rivière est le déversoir du lac Tanganyka ; mais il était trop malade pour vérifier le fait.

Le 23 octobre, après avoir traversé le lac, il se retrouvait à Kaouélé, port de l'Oudjidji.

Sa misère était extrême. Selon son expression, il se trouvait comme ce malheureux qui, allant de Jérusalem à Jéricho, tomba entre les mains des voleurs. « Mais, ajoute-t-il, je n'ai pas à espérer qu'un lévite ou un bon Samaritain passera à côté de moi. »

Et cependant le sauveur si peu attendu s'approchait.

L'EMBUSCADE (page 141).

Dans la matinée du 28, Souzi accourut tout haletant vers le docteur en s'écriant : « Un Anglais. Je l'ai vu. » Et il repartit comme une flèche.

Le 30, arrivait une caravane précédée du drapeau national des États-Unis d'Amérique, accompagnée de ballots de marchandises, de bouilloires, de marmites, d'énormes bassins, de tentes, etc.

C'était Henry Moreland Stanley, correspondant du journal américain le *New-York Herald*, envoyé, au prix de plus de 100 000 francs, pour avoir des nouvelles de l'intrépide voyageur, par M. James Gordon Benett fils, l'un des propriétaires du journal, et, s'il était mort, pour chercher ses os et les rapporter en Angleterre.

Cette preuve de l'intérêt que le monde prenait à son existence et à ses travaux, cet ordre généreux de M. Benett, si noblement effectué par Stanley, remplirent de gratitude l'âme du docteur, qui, dans son humilité, ne se croyait pas digne de sentiments si généreux.

Sachant que la Société géographique de Londres prenait un vif intérêt à l'exploration du lac Tanganyka, il entreprit cette œuvre, qui se fit aux frais de Stanley et avec les hommes de celui-ci.

Ensemble ils visitèrent le nord du lac, cherchant, sans pouvoir la trouver, la rivière qui lui sert d'émissaire et de l'existence de laquelle Livingstone était convaincu.

Le 28 novembre, à l'embouchure de la Roussizi, ils reçurent la visite d'un chef fort intelligent, nommé Lohinga, qui leur nomma dix-huit cours d'eau, dont quatre affluents du Tanganyka, tous les autres de la Roussizi, mais dont pas un ne sortait du lac.

Puis ils remontèrent en pirogue la Roussizi, qui comprend trois branches larges de onze à quatorze mètres et profondes à peine de deux. Son eau incolore court avec une vitesse de 3 704 mètres à l'heure.

Le 13 décembre, ils rentraient à Kaouélé, qu'ils quittaient le 4 janvier 1872.

On reprit ensuite la route qu'avait suivie Stanley pour retrouver Livingstone, et le 18 février on arriva à Kouihara, dans l'Ounyanyembé.

C'est là que Stanley, sur le point de retourner en Europe, s'efforça de persuader à Livingstone de l'accompagner. Mais le docteur se dit que tous ses amis souhaitaient d'abord qu'il complétât l'exploration des sources du Nil. De son côté, sa fille Agnès lui avait écrit : « Quel que soit mon désir de vous voir, j'aime mieux que vous réalisiez vos plans de manière à vous satisfaire, que de revenir pour m'être agréable. »

Digne fille d'un tel père !

Livingstone repoussa donc énergiquement toutes les instances de Stanley, qui le quitta définitivement le 14 mars 1872. Il emportait le journal du docteur, qui fut publié à son retour en Angleterre, et il lui promit de lui expédier de Bagamoyo (côte de l'Océan Indien) une escorte suffisante pour lui permettre de poursuivre l'œuvre à laquelle il avait consacré sa vie.

Livingstone avait la certitude que quatre grandes sources jaillissent de la ligne de faîte et deviennent bientôt de grandes rivières. Deux de ces rivières se dirigent au nord, vers l'Égypte ; les deux autres vont au sud, dans l'Éthiopie intérieure.

Les premières sont la Loufira ou Bartle Frere, qui se jette dans le Camolondo, celui-ci se déchargeant dans le Loualaba, rivière de Webb, qui est la principale ligne du drainage. L'autre Loualaba, rivière d'Young, traverse le Tchibongo (lac de Lincoln) et, avec la Lomané, va rejoindre la rivière de Webb.

Au sud, la fontaine Liambaïe, celle de Palmerston, est la source du haut Zambèze ; et la Louanga, fontaine d'Oswell, est la tête du Cafoué, toutes deux s'écoulant dans l'Éthiopie intérieure.

Le docteur croyait utile de découvrir ces fontaines, en tant qu'elles sont placées dans les cent derniers des onze cents kilomètres de la ligne de faîte d'où proviennent la plupart des sources du Nil.

Il se proposait donc, en quittant l'Ounyanyembé, de se rendre au Fipa, de tourner ensuite l'extrémité du Tanganyka, de passer le Chambèze, de longer la rive méridionale du Bangouélo, et de prendre droit au couchant, pour gagner les fontaines indiquées.

La caravane promise par Stanley se fit attendre cinq mois, que le docteur employa à visiter la contrée, à étudier les mœurs des populations et à préparer des vivres pour sa prochaine expédition.

Près du village de Kasanngannga, il vit, un jour, des petits garçons tirer des sauterelles avec des flèches minuscules. Dans cette région, la vie est une affaire sérieuse et les jeux des enfants sont une imitation du travail des hommes. Ils construisent des maisonnettes et des jardinets, attrapent des souris et ont en cage des linottes auxquelles ils apprennent à chanter. Ils se fabriquent des arcs et des flèches, des boucliers, des lances, et copient les armes à feu : un bout de roseau muni d'une petite détente qui fait partir un nuage de cendre en guise de fumée. Quelquefois le mousquet en miniature est à deux coups; alors il est fait d'argile et la fumée est représentée par du duvet de coton. Enfin, avec des canonnières chargées de gravier, ils bombardent les petits oiseaux.

Le 7 juillet, Livingstone assista à une chasse à l'hippopotame faite par des Comboués, chez qui cette profession est héréditaire. Ils n'en ont pas d'autre.

Quand leur gibier diminue à l'endroit où ils se trouvent, ils gagnent une autre partie de la Loangoua, du Zambèze ou de la Chiré et s'établissent temporairement dans une île, où ils se construisent des huttes, et où leurs femmes cultivent quel-

JEUX D'ENFANTS A RAS-ENNGANNGA.

ques lopins de terre. Le produit de leur chasse est avidement recherché par les populations à résidence fixe et qui le leur payent avec du grain. Ils ne sont pas avares et sont bien accueillis partout. On n'a jamais entendu dire qu'ils aient mis de la fraude dans leur commerce ou qu'ils se soient rendus coupables d'avanie à l'égard des faibles, d'insultes envers les pauvres. Leur trait caractéristique est un grand courage.

Chacun de leurs canots est monté par deux hommes; c'est une légère embarcation de quarante-cinq ou quarante-six centimètres de large, sur cinq mètres et demi ou six mètres de long, et n'ayant pas un centimètre et demi d'épaisseur; elle est construite pour la vitesse et présente un peu la forme de nos bateaux de régates.

Les deux chasseurs que portent ces pirogues tiennent chacun une large et courte pagaie; ils descendent lentement la rivière en se dirigeant vers un hippopotame endormi. Dans cette manœuvre, pas une ride n'apparaît à la surface de l'eau; on dirait que les pilotes retiennent leur haleine, et c'est uniquement par signes qu'ils communiquent entre eux.

Quand ils approchent de l'animal, celui qui est à l'avant du canot, le harponneur, dépose sa pagaie; il se lève lentement et reste debout et immobile, tenant à bras tendus, au-dessus de sa tête, son arme à longue hampe. Arrivé près de la proie, il lance de toute sa force le harpon, qui plonge dans la région du cœur. Pendant cet acte émouvant, il faut qu'il conserve parfaitement l'équilibre, sous peine de faire chavirer la barque.

Au moment où l'arme est jetée, l'homme qui est à l'arrière fait vite reculer le bateau; le harponneur s'assied, reprend sa pagaie et active le recul. Il est rare qu'au premier instant l'hippopotame surpris attaque à son tour; c'est la période suivante qui est pleine de péril.

Le fer barbelé du harpon est retenu par une forte ligne qui est enroulée autour de la hampe. Il ne tient que légèrement à celle-ci, et la violence du coup l'en détache; la corde se déroule, et le manche, fait d'un bois léger, flotte à la surface de l'eau. Le chasseur vient alors le prendre et s'assurer de la profondeur de la blessure en tirant sur la ligne. Si la corde cède, il saisit l'instant où le monstre, la gueule ouverte, apparaît au-dessus de l'eau avec un grognement terrible, et il lui envoie un autre harpon. La fuite en arrière se répète ; mais souvent l'hippopotame rejoint le canot et le broie entre ses mâchoires, aussi aisément qu'un porc ferait d'une botte d'asperges, ou le brise d'une de ses ruades.

Les deux braves ne sont plus dans la barque ; ils ont plongé, en voyant arriver la bête, et gagnent la rive en nageant sous l'eau ; l'animal furieux les cherche à la surface, mais, en ne se montrant pas, ils lui échappent.

Les hampes des harpons lancés à la bête sont saisies par les gens d'autres canots ; et l'animal est traîné çà et là jusqu'au moment où il succombe, épuisé par la perte de son sang.

Cette chasse, qui demande une extrême adresse, exige un sang-froid et une intrépidité inimaginables.

Les Comboués sont des hommes superbes, actifs, vigoureux et bien nourris, ce qui est la conséquence de leurs exploits ; chaque muscle, chez eux, est parfaitement développé ; leur taille est moins élevée que celle de quelques autres Africains, mais ils sont admirablement faits. Nul doute que leur profession, étant chose de famille, n'ait produit ce beau développement physique.

Quoique toutes les peuplades chez lesquelles a séjourné Livingstone apprécient la chair et les dents de l'hippopotame, il n'en a trouvé aucune qui puisse être comparée aux Comboués, excepté parmi les mariniers des bords du lac Ngami et des rivières voisines.

Enfin, le 14 août, l'escorte arriva ; elle avait mis soixante-quatorze jours à venir de son point de départ. Elle se composait de cinquante-sept hommes, parmi lesquels se trouvait un individu, sachant lire et écrire, nommé Jacob Wainwright.

Les derniers préparatifs furent bientôt terminés; les ballots furent repesés et la charge fut distribuée, à raison de 22 kilogrammes 1/2 par porteur.

Le 25 août 1872, l'illustre voyageur reprenait la route de l'ouest.

On voyagea d'abord par courtes étapes, afin de familiariser les gens avec une marche continue.

Le 4 septembre, en quittant le village de Tchicoulou, on rencontra sur la route une grande vipère, qui fut tuée raide, d'un seul coup sur la tête; elle ne fit pas même un mouvement. Elle avait 91 centimètres de longueur, la grosseur du bras, la queue courte, la tête large et aplatie. D'après les gens de la caravane, cette rencontre était d'un fort bon augure pour le voyage; mais si l'un d'eux avait marché sur la vipère, il y aurait eu de la souffrance suivie de mort.

Excellent présage, en vérité! Cette campagne, la plus désastreuse qu'ait faite Livingstone, se termina par sa mort.

Malgré son état de souffrance croissant, Livingstone marchait toujours. Après avoir traversé des champs déserts, des chaînes basses couvertes d'arbres, il arriva, le 8 octobre, à une estacade où l'on refusa de le recevoir; des chasseurs d'hommes l'avaient attaquée récemment, et l'on craignait qu'une fois dans le village, les nouveaux venus n'en saisissent les habitants.

Le 13, on avait atteint le lac Tanganyka et l'on faisait route au sommet d'une chaîne de montagnes maigrement boisées, d'une hauteur de 300 mètres et courant parallèlement au rivage.

Au coucher du soleil, le lac prit l'aspect d'un océan d'or en fusion et parut si voisin que beaucoup des hommes descendirent pour y aller boire; mais il leur fallut trois ou quatre heures pour l'atteindre.

Dans ces parages, on redoute tellement les incursions des

Arabes que tous les villages sont entourés d'estacades revêtues d'une couche de pisé, de façon à intercepter les balles et les flèches. Tous les arbres avaient été abattus pour la construction de ces enceintes, que défendent d'énormes fossés remplis d'eau.

Toujours par monts et par vaux, on atteignit trois villages ombragés par de grands arbres à cime étalée et dont le chef se nommait Mosiroua ou Kasamane.

A peine la caravane était-elle installée, qu'un léopard fut apporté en grand triomphe ; pour plus de sûreté, on lui avait enroulé la queue et lié les griffes et la gueule avec de l'herbe et des lanières d'écorce, parce qu'il avait mordu au bras l'un des chasseurs. Cette magnifique proie fut accueillie par les habitants avec de longs cris de joie et aux roulements répétés des tambours.

Un peu plus loin, les indigènes de Liemba, craignant pour leurs quelques têtes de bétail, conseillèrent à Livingstone de se rendre au village voisin, lequel, selon leur dire, était parfaitement approvisionné.

Il fallut quatre heures de marche pour y arriver, et l'on n'y trouva rien. Les indigènes cachent leurs provisions et choisissent les points les plus inaccessibles, afin de lasser l'étranger, dont il a d'excellentes raisons pour se défier.

La marche devint de plus en plus pénible. La terre, calcinée par le soleil, était d'une chaleur telle, que sa réverbération, semblable à celle d'un four, brûlait les pieds et les mettait hors de service. Il en résultait une inflammation sous-cutanée des jambes qui paralysait les hommes même les plus vigoureux.

Après avoir traversé le Halotchetché, cours d'eau rapide, de 4 à 5 mètres de largeur, affluent du Tanganyka, on arriva au village de Dzombé. Cette localité, attaquée par les Arabes soutenus par le fléau de la région, un chef indigène du nom de Mtoca, avait supporté un siège de trois mois.

Heureusement pour elle, Cassonzo et Tchitimba, père de

Dzombé, accoururent à son secours. Ils attaquèrent si vivement les assiégeants que ceux-ci, saisis par une terreur panique, prirent la fuite, jetant leurs fusils pour mieux courir.

Le 16 novembre, le plus grand des deux ânes de Livingstone mourut, par suite des piqûres de la tsétsé, car il y avait gonflement des narines, des paupières et de toute la bouche.

Jusqu'alors, le docteur avait toujours soutenu, d'après ses observations personnelles, que l'âne pouvait être emmené sans crainte dans tous les endroits où les bœufs, les chevaux, les mules et les chiens devaient certainement périr des attaques de la tsétsé. Avec la prévoyance d'un homme qui explorait l'Afrique dans le but de l'ouvrir à la race blanche, il attachait un grand prix à cette immunité de l'âne et s'appliquait à la constater.

Il est certain que cet accident, qui diffère de tout ce que le docteur avait observé, intéresse vivement la question du parcours et des transports dans cette partie de l'Afrique. Raison de plus pour s'efforcer d'y employer l'éléphant, au lieu de le tuer pour en avoir les défenses.

Vers le milieu de novembre, la pluie commença et ne cessa, pendant presque toute la durée du voyage, de tomber à torrents. Toutes les rivières étaient débordées et l'on marchait littéralement dans l'eau. C'était une continuelle série de plongeons. On ne sortait d'un marais que pour tomber dans un autre; chacun de ces bourbiers, couverts d'eau, était traversé par une rivière ne présentant de différence avec le reste que par la rapidité et la profondeur du courant, qui nécessitait l'emploi de pirogues.

On comprend que, dans ces circonstances, la santé de Livingstone, si profondément atteinte déjà, devait décliner avec une effrayante rapidité.

Le 9 décembre, se trouvant chez le chef Cafimbé, le docteur

apprit la mort du Casemmbé, auprès de qui, on se le rappelle, il avait rencontré une si cordiale hospitalité.

Attaqué par les Arabes, dont ses propres sujets lui avaient dissimulé l'approche, le Casemmbé, n'ayant pas d'estacade, était tombé promptement sous les coups de l'ennemi.

Actuellement sa tête et ses parures se trouvaient fichées au bout d'une perche ; sa belle femme s'était enfuie de l'autre côté du Mofoué, et les Arabes faisaient bombance dans le pays.

On traversa ensuite un pays plat couvert de villages désertés par leurs habitants, où l'on ne vit que très peu d'oiseaux.

« Ce fait de la rareté des petits oiseaux dans les lieux abandonnés prouve que c'est leur attachement pour l'homme et la joie ressentie de son voisinage qui fixent autour de notre demeure ces doux compagnons, non moins utiles que charmants. Ils s'en vont, alors que le jardin leur revient tout entier, rempli de graines et d'insectes, placé au bord de l'eau, offrant des retraites ombreuses et paisibles, mais d'où l'ami a disparu[1]. »

Les hommes de l'escorte menaient, sur la route, une conduite dont le docteur était profondément dégoûté.

Chez les gens pacifiques, ils entraient dans les cases, s'y installaient sans demander permission, insultaient les propriétaires et prenaient sans honte tout ce qui leur tombait sous la main. Il fallait menacer de les battre, et souvent exécuter les menaces, pour les empêcher de voler. Au contraire, dans les villages où la population étaient guerrière, ils avaient la douceur et l'honnêteté des colombes. Ce qui fait dire à Livingstone que « l'humeur belliqueuse est une des nécessités de la vie, et que quand un peuple ne sait pas se défendre, il marche à l'abjection et à la perte ».

____

1. Note de Mme Henriette Loreau, dans son excellente traduction du *Dernier journal de Livingstone*.

La marche se poursuivait sous des averses incessantes. Souvent il fallait traverser des nappes d'eau de six cents mètres de largeur couvertes d'herbes, où les hommes enfonçaient jusqu'au cou. On ne se procurait des vivres qu'avec la plus extrême difficulté.

Cependant le docteur célébra le jour de Noël en faisant tuer un bœuf et en distribuant quinze rangs de perles à chacun des membres de la caravane.

Le 6 janvier 1873, on arriva chez Kitibé, chef d'un village arrosé par la Kizima, affluent d'une rivière qui se jette dans le lac Bangouélo.

Ce chef se montra très poli et très généreux, et fournit trois hommes pour conduire la caravane chez son frère Tchoungou.

Livingstone lui fit présent de 225 grammes de poudre. Pour le remercier, Kitibé se coucha sur le dos, se roula à droite et à gauche et frappa dans ses mains, au bruit des acclamations de son entourage. Puis il se mit sur le ventre et recommença le même exercice.

Son peuple est si craintif que, lorsque en dressant la tente du docteur, ses gens se mirent à chanter, toutes les femmes prirent la fuite.

Tchoungou, vers lequel se dirigeait la caravane, ne consentit pas à la recevoir, dans la crainte, dit-il, que l'on mît sa tête au bout d'une perche, comme celle du Casemmbé.

Le 19, on atteignit la rivière Mononsé, dont l'eau profonde, coulant au sud, n'a que trois mètres de largeur, mais qui, sur une longueur de près de 200 mètres, se déploie à travers une masse de roseaux bruns, comme s'ils avaient été brûlés, et peuplée d'une infinité de sangsues dont les voyageurs eurent beaucoup à souffrir.

Porter Livingstone à travers ces nappes d'eau n'était pas une tâche aisée.

Dans la première section de l'étape du 14 janvier, l'eau

montait jusqu'à la bouche de Souzi, et le docteur avait les jambes et le siège mouillés.

Des hommes marchaient devant pour courber les herbes, afin d'assurer la passe au bord d'une piste d'éléphants. Quand l'un ou l'autre tombait dans un des trous de cette piste, il fallait se mettre deux pour le retirer. Les armes étaient portées derrière, à bras tendu. Tous les dix ou douze pas, on rencontrait une eau vive qui fuyait dans son propre canal, tandis que, sur le tout, un large courant passait à travers les herbes. Ses gens le prenaient tour à tour : Souzi d'abord, ensuite Faridjala, puis un homme robuste et de grande taille, qui ressemblait à un Arabe; puis Amoda, Tchanda, et Ouadé-Sélé. A chaque relais, on l'enlevait et on le replaçait sur d'autres épaules secourables. Au bout d'une cinquantaine de mètres, les porteurs étaient hors d'haleine.

Ce passage fut rude pour les femmes de notre bande. Tous s'entr'aidèrent. Il fallut une heure et demie pour sortir de là. L'eau était froide, ainsi que le vent; mais il n'y avait pas de sangsues.

C'est ainsi que la caravane arriva sur les rives du lac Bangouélo, dans les premiers jours de février.

Là, on dut attendre, pour traverser le lac, les canots qu'on avait demandés au chef Matipa.

Pendant cette halte, le 17 février, les voyageurs subirent une attaque furieuse de fourmis rouges ou sirafous. Le cuisinier fut le premier qui se sauva.

Quant à Livingstone, il alluma une bougie et, se rappelant l'assertion du docteur Van der Kemp qu'il n'est pas d'animal qui attaque l'homme sans y être provoqué, il resta immobile. Une sirafou lui grimpa tranquillement sur le pied et commença à ronger entre les orteils; aussitôt le même pied fut envahi et mordu jusqu'au sang. Il s'élança hors de sa tente; immédiatement toute sa personne fut couverte de fourmis comme de boutons dans la petite vérole. Ses gens firent des tas d'herbes, y mirent le feu et essayèrent de le délivrer. Après un combat d'une ou deux heures, ils le portèrent dans une hutte qui n'était pas encore envahie et où il reposa un instant ; mais bientôt l'ennemi revint et le mit en fuite.

Chez l'homme, ces fourmis enfoncent leurs mandibules tranchantes, s'appuient sur leurs trois paires de pattes, tournent sur elles-mêmes, pour faire agir leurs tenailles avec la force du levier, et emportent le morceau.

Ne recevant pas de réponse de Matipa, Livingstone se décida à l'aller trouver sur une île du lac, nommée Masambo.

Matipa, vieillard à la parole lente et d'une nature très calme, lui promit de nouveau des pirogues, en lui conseillant de traverser le lac et de se rendre chez son frère, qui habitait la côte méridionale et qui avait beaucoup de bestiaux ; puis de longer cette côte, où il y a peu de rivières et où l'on trouve de la nourriture en abondance.

Le 19 mars, les canots promis n'étant pas arrivés, Livingstone perdit patience, s'empara du village de Matipa et tira un coup de pistolet dans la toiture de la case du chef.

Immédiatement, il obtint trois pirogues et s'empressa de s'éloigner.

Le 25 mars, après avoir traversé à la gaffe une prairie aquatique formée par la Chambèze, on parvint à un grand village entouré de beaucoup de manioc planté sur des monticules faits de main d'homme.

Kabinga, chef de ce village, pleurait son fils tué par un éléphant. Malgré sa douleur, il se montra plein d'affabilité pour le docteur et acheta pour lui du maïs, le riz de ses champs n'étant pas encore arrivé à maturité.

Le 5 avril, on quitta Kabinga. Livingstone avait été placé dans un canot avec les bagages ; ses hommes suivaient la voie de terre.

La quantité d'eau répandue dans le pays était véritablement prodigieuse. Beaucoup de fourmilières étaient cultivées et couvertes de sorgho, de citrouilles, de fèves et de maïs. La nappe d'eau elle-même fournissait des vivres en abondance, sous forme de poisson et de lotus. Il croissait, en outre, une espèce de riz sauvage, mais qui n'était pas récoltée, soit que les habitants n'en eussent pas besoin, soit qu'ils ne la connussent pas.

Le lendemain, pluie battante. Vers le coucher du soleil, on vit deux pêcheurs s'éloigner rapidement, à la pagaie, d'une fourmilière où on trouva une hutte, du bois de chauffage et une grande quantité de poisson. C'est là que l'on passa la nuit.

Le 13 avril, la caravane atteignit la rive droite de la Lobtikila.

Grâce à l'influence du vent du sud-est, le ciel se nettoyait; la saison sèche était commencée.

Les voyageurs épuisés, parfaitement reçus par le chef Gondotchité, trouvèrent dans cette localité beaucoup de vivres, surtout du poisson.

L'abondance de nourriture gélatineuse permet à des légions de poissons de croître avec une rapidité extraordinaire, et la pêche est extrêmement productive, surtout à cette époque où l'eau commence à baisser. Ne trouvant plus son élément en quantité suffisante, le poisson se retire de prairie en prairie, en se dirigeant vers le lac. Mais des barrages sont établis dans des passes étroites, et l'on prend, dans les filets et dans les nasses, un nombre prodigieux de poissons.

Après avoir quitté le village de Gondotchité, la caravane traversa la Moïnda pour avoir des vivres et se rapprocher de Moanézambamba, chef de ces parages.

Livingstone était tellement faible, qu'il ne pouvait marcher et qu'il se trouva obligé de chevaucher sur le seul âne qui lui restât. Mais, le 21 avril, s'étant fait monter sur l'âne, il en tomba presque aussitôt et s'évanouit. Ses gens construisirent, pour l'emporter, une kitanda.

Deux pièces de bois parallèles, de sept pieds de long, et des barres transversales d'une longueur de trois pieds, formaient la charpente de cette litière. Une couche épaisse d'herbe sèche, sur laquelle on étendit une couverture, constitua le matelas. Pour protéger le malade contre le soleil, une autre couverture fut placée sur la traverse à laquelle était suspendu le brancard. La litière était portée par quatre hommes.

On attendit pour partir que la rosée eût disparu de la tête des grandes herbes.

Le 25 avril, une nouvelle heure de marche au sud-ouest conduisit Livingstone et ses compagnons à un village où ils trouvèrent quelques personnes.

Pendant qu'on se hâtait d'arranger la hutte qui devait le recevoir, le docteur, couché dans sa litière que l'on avait mise à l'ombre, se fit amener l'un des villageois. Le chef était parti avec un certain nombre d'habitants ; mais ceux qui restaient avaient l'air de n'éprouver aucune inquiétude.

Il leur fut demandé s'ils connaissaient une colline où quatre rivières prenaient leurs sources.

L'un des assistants répondit qu'ils n'en avaient pas connaissance ; que tous ceux qui avaient l'habitude d'aller trafiquer au loin étaient morts, et que dans le pays il n'y avait plus de voyageurs.

Le 26, la caravane atteignit le village du chef Kalounganyovou, et, le lendemain, Livingstone inscrivait sur son journal :

« 27 avril. — A Kalounganyovou. Complètement épuisé. Je reste. Mieux. J'envoie chercher des chèvres laitières. Nous sommes au bord de la Molilamo. »

Ces lignes sont les dernières qu'ait écrites David Livingstone.

Le 29, le chef Kalounganyovou annonça qu'il se chargerait de surveiller le passage de la rivière.

Livingstone étant trop faible pour gagner la kitanda, et la porte de la case n'étant pas assez large, on abattit un pan de mur pour permettre l'introduction de la litière.

Sortie du village, la caravane suivit la Molilamo jusqu'à un endroit où se trouvaient des îles nombreuses, formées en partie par la rivière, en partie par l'inondation. Tandis que le chef, assis sur une éminence, présidait à l'embarquement, Livingstone se fit porter à l'ombre pour attendre que la plupart de ses gens eussent gagné l'autre bord, ce qui fut assez long.

On entreprit alors la tâche malaisée de passer le docteur. A cette époque, la Molilamo, assez étroite d'ordinaire, était débordée et s'épanchait dans toutes les directions. Un seul faux pas, la chute de l'un des porteurs dans un trou invisible, aurait trempé la litière et le malade. On gagna l'eau profonde. Jusqu'alors, Livingstone avait pu s'asseoir dans la pirogue ; mais il n'en avait plus la force, et pas un des canots n'était assez large pour recevoir la kitanda. Prenant le lit d'herbes qui était sur la couchette, on le plaça dans le fond du plus grand canot, et l'on se mit en devoir d'y porter le malade ; mais il ne put pas supporter la douleur que lui causait un bras pesant sur ses reins.

Il appela Chouma d'un signe, lui dit de se pencher au-dessus de lui, de telle sorte qu'il pût lui mettre les mains derrière la tête et les y croiser. Par ce moyen il fut soulevé, porté sans aucune pression sur la région lombaire, et déposé dans le canot. Souzi, Chouma, Faridjala et Choupéré le passèrent rapidement et le recouchèrent sur la kitanda avec les mêmes précautions qu'on avait prises pour l'embarquer.

Courant alors au village du chef Tchitambo, dans le pays d'Illala, Souzi y fit en toute hâte construire une case.

Les derniers kilomètres que devait faire le grand voyageur s'accomplirent d'abord à travers des marais, puis en terrain sec : marche si douloureuse pour lui, que Chouma, l'un de ses porteurs, dit qu'à chaque instant il le suppliait de s'arrêter. Si grande était sa faiblesse qu'il n'essaya pas même de se mettre sur son séant, et qu'à un endroit où l'on fut obligé de le lever, à cause d'un arbre qui barrait le chemin, il tomba dans un assoupissement dont ses gens furent très alarmés. On le recoucha, il revint à lui ; mais il était si faible qu'il pouvait à peine parler.

A quelque distance de là, il fut pris d'une grande soif et demanda s'il y avait de l'eau ; on n'en trouva pas une goutte. Pour ne pas être séparés des autres, ses porteurs pressaient le pas, quand, à leur grande joie, ils virent arriver Faridjala portant de l'eau que Souzi, toujours attentionné, envoyait du village.

Ils continuèrent leur route, croyant que cette étape ne finirait jamais. En arrivant dans une éclaircie, le docteur les pria de le déposer par terre et de l'y laisser ; ils essayèrent de l'encourager en lui disant qu'on voyait les huttes du village, et qu'il serait bientôt dans la maison qu'on bâtissait pour lui. Ils avancèrent un peu ; mais ils durent s'arrêter dans un jardin situé hors de l'enceinte, où le malade resta pendant une heure.

Enfin ils gagnèrent le bourg ; la case n'était pas achevée ; ils durent déposer leur maître sous l'auvent d'un toit formant véranda, pendant qu'on se hâtait de terminer sa maison, car une pluie fine tombait par instants. Ensuite, le lit fut posé sur un échafaudage qui le préserva du contact du sol, et placé en travers du fond arrondi de la case. Dans la fenêtre, dont l'ouverture fut fermée, on plaça les ballots et les caisses, l'une de celles-ci faisant l'office de table. On fit du feu devant la porte ; et Madjouara, l'un des hommes de l'escorte, resta dans la chambre, où il coucha pour servir le maître pendant la nuit.

Les serviteurs désolés de Livingstone avaient la conviction

LES DERNIERS KILOMÈTRES.

de l'approche du terme fatal. Lui-même se sentait mourir.

Le 30 avril, vers onze heures du soir, il fit appeler Souzi, dont la case touchait la sienne, et lui dit d'une voix lente, comme un homme en délire :

« Cette rivière, est-ce la Louapoula? »

Ce cours d'eau, auquel le moribond ne cessait de songer, prend le nom de Loualaba après avoir traversé le lac Moéro. C'est le Congo, que Stanley a descendu, plus tard, jusqu'à son embouchure dans l'océan Atlantique, et auquel il a donné le nom de *Livingstone*, nom que la postérité, il faut l'espérer, lui conservera.

Souzi lui répondit qu'ils étaient dans le village de Tchitambo et que la rivière voisine était la Molilamo. Livingstone garda le silence pendant quelque temps ; puis, s'adressant encore à Souzi, mais cette fois dans le langage de la côte, il lui demanda :

« A combien de jours sommes-nous de la Louapoula?

— Je pense que nous en sommes à trois jours, maître, » répliqua Souzi.

Et une minute après, comme sous l'influence d'une douleur excessive, le docteur fit entendre cette plainte : *Oh! dear, dear!* (Hélas! hélas!), à demi soupirée, à demi parlée ; puis il retomba dans l'assoupissement.

Au bout d'une heure, Livingstone rappela Souzi. Il le pria de faire chauffer de l'eau ; quand elle fut chaude, il demanda sa boîte à médicaments, où il choisit du calomel avec beaucoup de difficulté, car il semblait ne plus voir assez pour lire les étiquettes. Il fit poser le calomel auprès de lui, verser un peu d'eau dans une tasse, mettre une tasse vide à côté de l'autre, et murmura d'une voix faible : « C'est bien ; vous pouvez vous en aller. »

Ces paroles sont les dernières qu'on lui ait entendu prononcer.

Il pouvait être quatre heures du matin lorsque Madjouara

vint de nouveau trouver Souzi : « Viens voir maître, lui dit-il ; j'ai peur : je ne sais pas s'il est vivant. »

Souzi réveilla Chouma, Choupéré, Mouagnaséré et Mathieu, et tous les six entrèrent dans la chambre.

Le lit était vide.

Affaissé au bord de sa couche, Livingstone paraissait être en prière.

Par un mouvement instinctif, tous les hommes reculèrent ; puis, ne voyant pas bouger leur maître, ils se rapprochèrent.

Une bougie, collée sur la table par sa propre cire, jetait une clarté suffisante pour y bien voir.

A genoux, et penché en avant, le docteur avait la tête dans ses mains croisées sur l'oreiller. Ils le regardèrent pendant quelques instants et ne remarquèrent aucun signe de respiration. Mathieu lui posa doucement la main sur la joue, qu'il trouva froide.

Livingstone était mort.

Ses serviteurs le replacèrent sur son lit, l'y étendirent, le recouvrirent avec soin et sortirent pour se consulter.

A ce moment, les coqs chantèrent. Comme il était près de minuit quand le docteur parla pour la dernière fois, on peut assurer, avec une assez grande apparence de certitude, qu'il est mort le 1er mai 1873, un peu avant l'aube.

Les membres de la caravane furent aussitôt avertis, et dès qu'il fit jour, Souzi et Chouma exprimèrent le désir que chacun fût présent à l'ouverture des caisses, afin de généraliser la responsabilité de leur contenu.

Jacob Wainwright, qui savait écrire, fut chargé de prendre note des objets dont on allait faire l'inventaire, et les bagages furent sortis de la maison.

Ce ne fut pas sans effroi que les plus éclairés de la bande envisagèrent les obstacles qu'ils allaient avoir à vaincre. Ils connaissaient l'horreur superstitieuse qu'inspirent les morts aux tribus dont ils étaient entourés. Ces indigènes croient que les défunts emportent dans la tombe un esprit de vengeance qu'ils exercent contre les vivants. L'invasion, la maladie, les accidents, tous les maux leur sont attribués. Qui pouvait dire ce qui résulterait de cette manière de voir?

Réunissant de nouveau leurs camarades, Souzi et Chouma leur exposèrent la situation et leur demandèrent conseil.

Tous furent d'avis de cacher la mort du maître à Tchitambo; car elle pouvait leur faire imposer, à titre de dommages-intérêts, une amende si forte qu'ils n'auraient plus eu le moyen de se défrayer jusqu'à la côte.

Il fut ensuite décidé que le défunt, quoi qu'il pût advenir, serait rapporté à Zanzibar. Pour cela, on résolut de le déposer secrètement dans une hutte que l'on ferait à quelque distance du village, et où seraient prises les mesures nécessaires à l'exécution du projet.

Malgré le secret qu'ils avaient résolu de garder vis-à-vis de Tchitambo, celui-ci ne tarda pas à être informé de l'évènement. Il se rendit à l'endroit où se construisaient les huttes. Il reprocha à Chouma de lui avoir caché la mort de son maître. Il ajouta qu'il savait bien qu'en voulant regagner son pays, il n'avait pas de mauvaises intentions, mais que c'était là une entreprise impossible et qu'il ferait mieux de procéder immédiatement à l'enterrement.

Les serviteurs persistèrent dans leur résolution, et le défunt, placé sur la kitanda et soigneusement voilé de cotonnade, fut porté dans la nouvelle case.

Tchitambo décida alors que l'on rendrait au mort les honneurs funèbres usités dans le pays.

A l'heure désignée, le 2 mai, le chef, accompagné de ses femmes et de tous les gens du village, se rendit à la case mortuaire. Un grand morceau d'étoffe rouge lui couvrait les épaules, et la draperie blanche de cotonnade indigène dont les naturels s'entourent les reins, lui descendait jusqu'à la cheville.

MORT DE LIVINGSTONE AU VILLAGE DE TCHITAMBO (page 163).

Tous les hommes de sa suite avaient des arcs, des flèches et des lances, mais pas d'armes à feu. Deux tambours joignirent leur batterie aux lamentations des femmes, cris déchirants que n'oublie jamais celui qui les a entendus, et au milieu desquels, suivant l'usage des caravanes, se succédaient les volées de mousqueterie des gens du défunt.

Jusque-là on n'avait pas touché au corps. Après la cérémonie, une case de forme ronde fut bâtie à 28 mètres de la maison. Construite de manière à défier les attaques des bêtes féroces, cette case resta découverte pour que l'air et le soleil pussent y entrer largement. Des pieux et des branchages, profondément plantés l'un près de l'autre, lui formèrent une enceinte. Les huttes des porteurs furent établies à côté de cette bâtisse, et une forte estacade entoura complètement le village.

Le même jour, on prit les mesures nécessaires pour que la dépouille pût être préparée le lendemain. Saféré, l'un des hommes de la bande, avait fait l'acquisition de beaucoup de sel chez Kalounganyovou. On le lui acheta moyennant seize rangs de perles. Un peu d'eau-de-vie restait encore dans les provisions du docteur, et l'on espéra s'en servir utilement pour conserver le corps.

Faridjala, qui avait été au service d'un médecin à Zanzibar, avait eu l'occasion de voir faire des autopsies; il fut chargé de l'embaumement.

Le lendemain de grand matin, lorsqu'ils allaient commencer, arriva un pleureur de profession. Ce dernier portait aux chevilles des anneaux réservés pour les pompes funèbres, formés d'un chapelet de capsules ayant contenu des graines et remplies de petits cailloux. Ainsi paré, l'homme du deuil se mit à danser en chantant d'une voix lente et monotone, accompagnée du craquettement de ses anneaux :

> Aujourd'hui est mort l'Anglais
> Qui avait des cheveux différents des nôtres :
> Venez tous à la ronde voir l'Anglais.

La cérémonie terminée, le pleureur et son fils, qui avait participé à la danse, se retirèrent avec un présent convenable.

On prit alors les restes émaciés du maître, et on les porta dans la case découverte. D'après ce qui a été dit des souffrances du défunt, il est aisé de comprendre ce qui avait permis de garder sa dépouille jusqu'alors : son cadavre n'était plus qu'un squelette recouvert de peau.

Les viscères furent enlevés avec soin et remplacés par du sel. Parmi eux, les poumons étaient complètement desséchés et couverts de taches blanches et noires. Le cœur ainsi que les autres organes furent mis dans une caisse de fer-blanc où avait été gardée de la farine ; puis cette boîte fut pieusement enterrée dans une fosse d'un mètre vingt de profondeur, creusée à l'endroit même où s'était établie la bande ; et, en présence de celle-ci tout entière, Jacob Wainwright lut l'office des morts. Faridjala avait mis de l'eau-de-vie dans la bouche et sur les cheveux du défunt, et le corps avait été laissé dans la hutte, exposé au soleil.

Toutes les vingt-quatre heures, la précieuse dépouille, sur laquelle on veillait sans cesse, était changée de position ; mais à tout autre moment il était absolument interdit d'en approcher.

Au bout de quatorze jours, le corps paraissant suffisamment sec, on l'enveloppa dans du calicot et on le plaça dans un cylindre fabriqué avec des écorces d'arbres. Puis on fixa le ballot ainsi formé sur une forte perche, afin qu'il pût être porté par deux hommes.

Sur le gros arbre au pied duquel avaient été enterrés le cœur et les autres organes du maître, Jacob Wainwright grava le nom de Livingstone et la date de sa mort.

Puis on dressa près de la tombe deux poteaux massifs, reliés au sommet par une traverse ; le tout fut badigeonné avec le goudron donné au docteur par M. Stanley pour l'entretien de sa barque.

Sur les instances de Chouma et de Souzi, Tchitambo s'engagea à veiller à la conservation de l'arbre et du portail, ainsi qu'à faire enlever l'herbe autour de l'arbre portant l'inscription, pour le préserver de l'incendie annuel qui, de proche en proche, gagne les bois.

Tout étant prêt pour le départ, la caravane funèbre se mit en marche dans la direction de l'ouest. C'était le 20 mai 1873.

Bientôt la maladie se déclara dans la bande. L'un, d'abord, resta en arrière, puis un autre. Le soir du troisième jour, la moitié des fidèles compagnons de Livingstone était hors d'état d'avancer. Quelques heures après, tous étaient plus ou moins affectés de douleurs dans la figure et dans les membres, douleurs accompagnées d'une grande prostration qui, chez les plus malades, allait jusqu'à l'incapacité absolue de se mouvoir. Deux des femmes expirèrent en quelques jours. Tous paraissaient être au plus mal ; et ce ne fut qu'au bout d'un grand mois qu'ils purent reprendre leur voyage.

Heureusement, dans l'intervalle, les pluies avaient cessé, et les naturels avaient apporté chaque jour des vivres en abondance. C'est d'eux qu'on apprit que la contrée où l'on se trouvait alors était d'une insalubrité notoire, et que beaucoup d'Arabes y avaient déjà perdu la vie.

Reparti un matin, le cortège arriva le même jour à l'un des villages frontières de l'Ilala ; mais, le lendemain, plusieurs d'entre eux étaient repris de douleurs, et l'on dut renoncer à continuer immédiatement le retour.

La caravane se trouvait alors dans le village du chef Mouanamazoungou, qui savait le triste évènement arrivé à Tchitambo et se montra plein de bienveillance et de cordialité.

Après vingt jours de repos, la bande se remit en marche, en suivant, cette fois, la direction du nord.

Bientôt on atteignit la Louapoula, si avidement cherchée par Livingstone, et qui se trouve à près de 240 kilomètres de la Molilamo, point de départ de la caravane.

Avec quelle ardeur il eût examiné cet émissaire du lac Bangouélo, celui dont la dépouille le traversait alors et qui, même à son dernier souffle, se préoccupait de l'atteindre et lui envoyait ses pensées déjà noyées dans les brumes de la mort!

D'après Souzi et Chouma, ayant toute compétence pour établir cette comparaison, la Louapoula aurait, à l'endroit où ils l'ont franchie, le double de largeur du Zambèze à Choupanga, ce qui lui donnerait 6 kilomètres et demi d'une rive à l'autre. En faisant tour à tour usage de la gaffe et de la pagaie, ils mirent deux grandes heures à franchir cette énorme rivière, qui porte au nord le trop-plein du Bangouélo.

Ils s'arrêtèrent sur sa rive droite et, suivant leur habitude, construisirent, à côté des leurs, une cabane pour l'âne, ce fidèle serviteur si éprouvé, qu'ils soignaient toujours comme du temps du maître.

Au milieu de la nuit, un grand vacarme, auquel s'ajoutaient les cris d'Amoda, éveilla le camp.

Tous les hommes se précipitèrent vers l'endroit où le bruit s'était fait entendre : l'écurie était effondrée, et l'âne ne s'y trouvait plus.

Une profonde obscurité les enveloppait; ils prirent à leur feu des tisons flambants, allumèrent les grandes herbes, et virent un lion à côté du pauvre animal, qui était mort. Ceux qui avaient leurs fusils les déchargèrent et le lion prit la fuite.

L'âne avait été saisi par les naseaux et tué instantanément.

Au point du jour, on eut la certitude que les coups de feu avaient touché le but : une large traînée sanglante annonçait que l'agresseur avait eu probablement les reins brisés et n'avait pu fuir qu'en rampant.

La victime fut laissée dans la forêt; mais, deux pirogues étant restées près du bivouac, il est probable que le corps du fidèle serviteur alla régaler, le jour même, les gens de Tchisalamalama.

Deux jours après, on arrivait chez les Kahouindés, gouvernés par un chef du nom de N'Kossou.

Ce chef fit présent à la caravane d'une vache qu'il fallut chasser comme une bête fauve, tant est grande la sauvagerie des bestiaux de cette contrée.

Malheureusement, au lieu de toucher la bête, Saféni, qui la tirait, atteignit un jeune indigène et lui brisa la cuisse.

D'après la coutume, une compensation en nature était due au père du blessé. Mais on n'eut rien à payer, N'Kossou ayant loyalement reconnu que, comme il avait enjoint à ses gens de s'éloigner de l'endroit où la vache était pourchassée, l'accident n'était que la conséquence d'une désobéissance à ses ordres.

Les indigènes de ce pays emploient un singulier procédé chirurgical pour guérir les fractures.

Une fosse, profonde de soixante centimètres, longue d'un mètre vingt, fut creusée de manière que le blessé pût y être assis, les jambes étendues. On banda la cuisse fracturée avec une grande feuille que l'on assujettit par un lien, et le patient fut déposé dans la fosse.

Celle-ci fut ensuite comblée, de façon que l'homme y fût enterré jusqu'à la poitrine. Un lit de vase recouvrit la terre dont la fosse était remplie, et sur la couche humide on entassa de l'herbe et des bûchettes auxquelles on mit le feu, juste au-dessus de la fracture.

Pour empêcher le blessé d'être suffoqué par la fumée, une natte en guise d'écran fut dressée devant lui ; puis on attendit.

Bientôt la chaleur se communiqua aux membres enterrés. Beuglant d'effroi et inondé de sueur, le patient suppliait qu'on le sortît du trou ; mais on ne l'en déterra que quand les autorités le jugèrent à propos.

Alors, le malheureux étant contenu par des mains vigou-

MORT D'UN VIEUX SERVITEUR (page 169).

reuses, deux hommes tirèrent de toutes leurs forces sur le membre fracturé. Enfin, des attelles, préparées avec soin, furent placées autour de la cuisse et liées solidement.

Les villageois affirmèrent à Chouma que, depuis l'époque où l'on venait chez eux avec des fusils, ils traitaient de cette manière toutes les blessures faites par les balles, et qu'ils le faisaient avec le plus grand succès.

La caravane, suivant un chemin qui longeait parallèlement, et à une certaine distance, le lac Bangouélo, se dirigeait vers le village du chef Tchahouindé.

Suivant l'étiquette africaine, Amoda et Sabouri furent expédiés à ce chef pour le prévenir de l'arrivée de la caravane et lui demander son admission dans sa résidence.

Ils trouvèrent une grande ville, entourée d'une estacade et accostée de deux bourgades importantes. En ce moment on y faisait une orgie de bière.

En arrivant auprès du chef, Amoda posa négligemment son fusil contre la case principale. Le fils de Tchahouindé, d'un naturel querelleur, et ivre pour l'instant, s'imaginant qu'Amoda se proposait d'ensorceler cette case, s'emporta et lui demanda avec insolence comment il avait pu commettre un acte semblable[1].

Devant un accueil semblable, les messagers se retirèrent et rejoignirent leurs camarades, qui résolurent de pénétrer de force dans la ville dont on leur refusait l'entrée.

Quand ils arrivèrent près de l'estacade, on leur cria de descendre la rivière et de camper sur le bord. Mais ils étaient fatigués, le soleil baissait et ils n'auraient trouvé sur la rive aucun abri.

---

1. D'après les voyageurs, une semblable superstition existe dans d'autres contrées de l'Afrique centrale, dans le Lovalé, par exemple. Si un étranger pose son fusil ou sa lance contre une hutte dans un village, l'arme est saisie et n'est rendue qu'après le payement d'une lourde amende, parce que c'est un acte magique dont l'intention est de faire périr le propriétaire de la hutte.

TRAITEMENT DES FRACTURES CHEZ LES KAHOUINDÉS (page 170).

Aussi, sans plus de pourparlers, Saféni, repoussant les hommes qui se tenaient dans le passage, traversa le couloir. Pendant ce temps, Chouma escalada l'enceinte et ouvrit la porte, que toute la bande franchit aussitôt.

Puis on se mit en quête de huttes pour y déposer les ballots. A ce moment, le même ivrogne qui avait engagé la querelle lança une flèche contre un des hommes de la caravane. On s'empara du tireur. Le cri s'éleva aussitôt que le fils du chef était en danger, et une lance, jetée par un indigène, atteignit Sabouri à la cuisse. Ce fut le signal d'une mêlée générale à la suite de laquelle les indigènes abandonnèrent le village.

Mais les tambours de guerre commencèrent à battre dans toutes les directions, et des villages voisins on vit accourir des légions d'hommes armés de lances, d'arcs et de flèches. L'assaut commença immédiatement contre les voyageurs, qui étaient restés dans l'enceinte. Deux d'entre eux y furent blessés.

Les choses prenaient une tournure désespérée. Ayant mis en sûreté le corps de Livingstone et tous les ballots au fond d'une case, les assiégés firent une sortie, dans laquelle il tuèrent deux indigènes et en blessèrent plusieurs.

Dans la crainte que les habitants ne revinssent pendant la nuit avec de nouveaux renforts, les serviteurs du docteur poursuivirent les fuyards, s'emparèrent des villages voisins, mirent le feu à six autres, passèrent la rivière et tirèrent sur les canots, qui se dirigeaient en toute hâte vers le lac, par le canal de la Lopopoussi.

Après avoir ainsi repoussé leurs ennemis, ils revinrent dans la ville, où ils se barricadèrent et où, trouvant des moutons, des chèvres, des volailles et une immense quantité de grains, ils prirent une semaine de repos. Une ou deux fois pendant la nuit, des indigènes approchèrent de l'estacade pour jeter des brandons sur les huttes; mais, à part ces alertes, les voyageurs ne furent pas inquiétés.

Le dernier jour, un villageois se présenta et leur cria du dehors de ne pas brûler la ville du chef, car tout le mal était venu de la faute du méchant fils de celui-ci; le vieux père n'avait pu empêcher sa folle conduite, et tous les habitants la regrettaient.

Le lendemain, les voyageurs se remirent en route et, pendant trois jours, traversèrent les prairies inondées qui entourent le Bangouélo, passant les nuits dans les bois.

Ils gagnèrent ensuite les huttes éparses de Ngambou, puis la résidence de Tchihouaï, grand village avec estacade et fossé.

Comme toujours, ils se présentèrent dans cette dernière localité enseignes déployées, le drapeau anglais en tête de la caravane et le drapeau de Zanzibar à l'un des premiers rangs de la bande.

Un indigène vit de mauvais œil toute cette pompe; une lutte était sur le point de s'engager, car les serviteurs de Livingstone n'étaient pas d'humeur à baisser pavillon, lorsque survint un personnage influent qui arrangea l'affaire.

La bande alla s'établir en dehors du village et reçut la visite d'une foule d'indigènes, qui eurent pour elle beaucoup de bontés.

Au bourg de Kitibé, elle retrouva le sentier qui devait la conduire au Tanganyka; de là elle repassa par la plupart des villages qu'avait suivis Livingstone et dans lesquels elle fut bien accueillie.

La marche des voyageurs devenait plus aisée, et bientôt ils traversèrent les hauteurs qui séparent le bassin du Tanganyka de celui du Moéro.

Tchoungou, un jeune chef sur qui Livingstone avait exercé un grand ascendant lors de son passage en septembre 1867, oublia les préjugés de sa race à l'égard des morts, ne vit dans les restes du défunt qu'un sujet de douleur, et donna à la caravane toutes les marques de bienveillance qui étaient en son pouvoir.

Assamani, l'homme de la bande le plus généralement heureux à la chasse, tua un buffle près du village. D'après la loi, qui à cet égard est strictement observée dans toutes les parties de l'Afrique, Tchoungou avait droit à l'une des épaules.

Il céda volontiers sa part à ses hôtes.

Se souvenant des difficultés de la route qui se déroule sur les hauteurs du Tanganyka, les voyageurs tournèrent l'extrémité du lac et, prenant beaucoup plus à l'est, abordèrent la plaine du Fipa.

Dans les villages, ils furent informés qu'à peu de distance, sur la droite, il y avait un lac salé, moins vaste que le Tanganyka, et appelé *Bahari ya Mouarouli* ou mer de Mouarouli, nom du grand chef qui en habite les rives. C'était probablement le Miréré, qui, à plusieurs reprises, excita vivement l'intérêt de Livingstone.

Peu de temps après, les voyageurs devaient traverser la Licoua, dont l'eau saumâtre, fort peu agréable à boire, leur monta jusqu'à la poitrine, et qui est un affluent du Mouarouli.

Comme ils en approchaient, ils virent en face d'eux une longue file d'individus se dirigeant aussi vers la rivière. Les craintes qu'elle leur inspira tout d'abord n'étaient pas fondées ; c'était une caravane à destination du Fipa, où elle allait chasser l'éléphant et acheter de l'ivoire et des esclaves.

Elle dit à nos voyageurs que la mort de Livingstone était déjà connue dans l'Ounyanyembé, et ajouta, à la grande joie de la caravane, que le fils du docteur et deux autres Anglais étaient maintenant à Kouihara.

A Baoula, Jacob Wainwright, le lettré de la bande, fut chargé de mettre par écrit les circonstances douloureuses de la mort du maître ; et Chouma, accompagné de trois de ses camarades, prit les devants pour aller porter ce récit à l'expédition anglaise.

Le cortège suivit à travers les bois et s'arrêta à Kassékéra.

Chouma arriva à destination le 20 octobre. A son grand désappointement, il y rencontra, non pas le fils de Livingstone, mais le lieutenant Cameron, commandant une expédition envoyée au secours de l'illustre explorateur.

C'est alors que l'officier anglais apprit tous les détails du décès, non seulement par la lettre de Wainwright, mais par les renseignements que lui fournit Chouma, en présence du docteur Dillon et du lieutenant Murphy.

Cameron témoigna aux messagers une extrême bonté. Il était à court d'objets d'échange ; mais il jugea que la première chose à faire était de pourvoir aux besoins des hommes qui venaient d'accomplir l'incroyable tâche de rapporter les restes de celui en faveur duquel l'expédition qu'il commandait avait été organisée.

Concevant des doutes sérieux sur la possibilité du transport de la précieuse dépouille, et se souvenant que Livingstone avait plus d'une fois manifesté le désir de reposer sur la terre d'Afrique, Cameron proposa au chef de la caravane d'enterrer le corps dans l'Ounyanyembé. Mais les fidèles serviteurs persistèrent dans leur idée de courir tous les risques pour rendre le corps de leur maître à son pays natal.

Ils reprirent donc leur route vers l'est, mais en faisant un détour considérable, afin d'éviter les chemins ordinaires, où ils craignaient de se heurter contre les superstitions des indigènes.

Arrivés à Kassékéra, ils s'établirent en dehors du village.

Mais la nouvelle du transport d'un cadavre les précédait partout, et ils comprirent qu'ils auraient à lutter contre des dispositions de plus en plus hostiles et que le précieux fardeau serait en danger.

Leur parti fut bientôt pris.

Il fallait faire croire aux indigènes qu'ils avaient renoncé au projet de porter leur maître à Zanzibar et qu'ils le renvoyaient à Kouhira.

Ils tirèrent le cadavre de son enveloppe, qu'ils enterrèrent dans le sol même de la case.

Puis Souzi et Chouma allèrent à la forêt et écorcèrent un arbre. Dans ce nouvel étui, fait de moindre longueur, le corps fut placé. On entoura le cylindre de calicot, et le tout fut empaqueté et ficelé de manière à ressembler à un ballot de cotonnade.

Ensuite des branches d'arbustes furent coupées à la longueur d'un mètre et demi, arrangées en fagot, bandées avec de l'étoffe. Ce fagot, ainsi préparé, avait toute l'apparence d'un mort prêt à être enterré.

Cela fait, un papier fut plié en forme de lettre et placé dans un bâton fendu, suivant la coutume usitée dans le pays par les porteurs de dépêches.

Six hommes des plus fidèles furent chargés de porter ostensiblement le corps du maître dans l'Ounyanyembé.

Leur départ eut lieu avec toute la solennité convenable; et les villageois, fort contents d'être délivrés du défunt, ne soupçonnèrent pas la ruse.

C'était vers le coucher du soleil. Les porteurs suivirent leur route jusqu'au moment où ils n'eurent plus à craindre d'être aperçus. Alors, ouvrant le paquet, ils dispersèrent dans le bois les brins de sorgho et en enterrèrent l'enveloppe; puis, marchant dans l'herbe pour ne pas laisser de traces, ils revinrent pendant la nuit rejoindre la caravane, chacun isolément.

Ne craignant plus rien, les gens de Kassékéra invitèrent la bande à venir loger chez eux.

Cependant Souzi et ses compagnons se remirent en route, veillant plus que jamais sur le précieux ballot, dont personne ne soupçonnait le contenu.

Si nous avons insisté sur ces divers épisodes, sur les péripéties du transport du cadavre de Livingstone, c'est pour montrer jusqu'où allaient le dévouement et l'intelligence de tous ces pauvres engagés, et surtout pour faire ressortir les sentiments d'affection et de reconnaissance que l'illustre voyageur avait su inspirer à ceux qui le servaient.

Un évènement cruel devait graver dans l'esprit des membres de la caravane le souvenir de leur halte à Kassékéra, en même temps qu'il ajoutait un nom de plus au martyrologe des voyageurs dans l'Afrique centrale.

A peine la bande était-elle entrée dans le village de Kassékéra, qu'y arriva le docteur Dillon, lequel, comme il a été dit plus haut, avait, avec les lieutenants Cameron et Murphy, recueilli, de la bouche de Chouma, les détails relatifs à la mort de Livingstone.

Le docteur Dillon était atteint par la fièvre. Ses souffrances prirent un caractère de gravité tel que, dans un accès de délire, il se tua d'un coup de carabine.

A quelques journées de marche de Kassékéra, la caravane perdit une petite fille dans une circonstance des plus tragiques.

La pauvre enfant, qui s'appelait Losi, marchait gaiement, portant sur la tête un vase rempli d'eau, quand un serpent s'élança à travers le sentier, la mordit à la cuisse et rentra dans une cavité du bois voisin.

Ce fut l'affaire d'un instant.

On fit usage de tous les moyens dont on disposait; mais bientôt la pauvre petite eut l'écume à la bouche, et dix minutes après elle était morte.

Ce fait, bien avéré, prouve la vérité de l'assertion des voyageurs qui affirment, d'accord avec les indigènes, que dans maintes parties de l'Afrique il existe un serpent qui attaque l'homme de propos délibéré et qui, par sa nature ombrageuse, unie à la force et à l'activité de son venin, rend très-dangereux les abords de sa retraite.

Ce serpent, désigné dans le pays sous le nom de *boubou*, atteint jusqu'à 3 mètres et demi de longueur; d'une teinte foncée sur le dos, il a le ventre d'un bleu terne et porte sur la tête des marques rouges semblables à la crête du coq.

Enfin, la caravane arriva à Bagamoyo, ville de la côte orientale.

Quelques jours après, l'un des croiseurs de l'escadre anglaise amena le capitaine Prideaux, consul de la Grande-Bretagne.

Des mesures furent prises immédiatement pour le transport des restes de Livingstone à Zanzibar, distant de 50 kilomètres environ.

Peut-être alors fit-on trop douloureusement sentir aux membres de la caravane que leur tâche était désormais accomplie.

Des trente-six individus qui avaient quitté Zanzibar avec Livingstone, sept ans auparavant, il n'en restait plus que cinq : Souzi, Chouma, Amouda, Abram et Mabrouki.

Il faut y joindre Ntoaéka et Halima, les deux servantes que Livingstone avait prises dans le Manyéma et dont en toute circonstance il n'eut qu'à se louer.

N'a-t-on pas le droit d'être surpris d'apprendre qu'à ces braves gens qui, grâce à un admirable dévouement, au prix d'efforts surhumains, avaient transporté le corps de leur maître jusqu'à la côte orientale, il n'a pas été permis d'accompagner, au moins jusqu'au navire qui devait le ramener dans sa patrie, celui dont ils se séparaient avec tant de douleur ?

Et cependant, si le désir de connaître dans leurs moindres détails les moments suprêmes d'un véritable grand homme a pu être satisfait, si les derniers travaux de Livingstone fournissent aux géographes de nouveaux aperçus, des théories nouvelles, c'est à ces humbles et fidèles serviteurs qu'on le doit, et principalement à Souzi et à Chouma. Sans l'intelligence et la fermeté qui présidèrent à la marche de la caravane depuis le village de Tchitambo jusqu'à l'Océan Indien, jamais les derniers écrits du grand voyageur ne seraient arrivés en Europe.

Au mois de février 1874, la dépouille de Livingstone atteignit Zanzibar. Elle fut remise aux soins de M. Arthur Laing, ainsi que les papiers et les effets du docteur, et arriva en Angleterre le 16 avril, à bord du *Malwa*, qui l'avait reçue à Aden.

Transportée de Southampton à Londres, elle fut examinée par sir William Ferguson et par les amis de Livingstone. La fausse articulation du bras gauche, résultat de la morsure d'un lion, qui, en 1842, avait broyé l'humérus près de l'épaule, ne laissa pas de doute sur l'identité du corps.

Nous avons dit, dans l'avant-propos, que les restes de Livingstone ont été inhumés dans l'abbaye de Westminster.

Les funérailles eurent lieu le 18 avril 1874.

Les coins du poêle étaient tenus par sir Thomas Steele et par M. Webb, anciens amis du voyageur, qui les avait reçus dans le midi de l'Afrique, où ils étaient allés chasser les redoutables animaux du désert; par M. Oswell, grand chasseur également, et qui fit avec Livingstone la découverte du lac Ngami; par MM. le docteur Kirk, naturaliste de l'expédition du Zambèze; Waller, membre de la mission de la haute Chiré; Young, commandant de la première expédition envoyée à la recherche de Livingstone; Henri Moreland Stanley, qui le retrouva à Kaouélé, dans l'Oudjidji; et Jacob Wainwright, représentant de la caravane.

Les quatre enfants de Livingstone, ses deux sœurs, la femme de son frère et le révérend Moffat, dont il avait épousé la fille à Courouman, suivaient le cercueil. Derrière venaient le duc de Sutherland, lord avocat d'Écosse, les lords Shaftesbury et Houghton, sir Bartle Frere, un long cortège d'illustrations, tous les membres de la Société de Géographie, tout le monde savant de la Grande-Bretagne.

La pierre tombale porte l'inscription suivante :

BROUGHT BY FAITHFUL HANDS
OVER LAND AND SEA
HERE RESTS

DAVID LIVINGSTONE

MISSIONARY
TRAVELLER
PHILANTHROPIST
BORN MARCH 19. 1813,
AT BLANTYRE, LANARKSHIRE,
DIED MAY 1. 1873,
AT CHITAMBO'S VILLAGE, ILALA.

FOR 30 YEARS HIS LIFE WAS SPENT
IN AN UNWEARIED EFFORT
TO EVANGELISE THE NATIVE RACES,
TO EXPLORE THE UNDISCOVERED SECRETS,
TO ABOLISH THE DESOLATING SLAVE TRADE,

OF CENTRAL AFRICA,

WHERE WITH HIS LAST WORDS HE WROTE,
« ALL I CAN ADD, IN MY SOLITUDE, IS,
MAY HEAVEN'S RICH BLESSING COME DOWN
ON EVERY ONE, AMERICAN, ENGLISH, OR TURK,
WHO WILL HELP TO HEAL
THIS OPEN SORE OF THE WORLD. »

Left margin (vertical): « OTHER SHEEP I HAVE, WHICH ARE NOT OF THIS FOLD : THEM ALSO I MUST BRING, AND THEY SHALL HEAR MY VOICE. »

Right margin (vertical): « TANTUS AMOR VERI, NIHIL EST QUOD NOSCERE MALIM QUAM FLUVII CAUSAS PER SÆCULA TANTA LATENTES. »

En voici la traduction :

Sur le champ de la plaque de marbre :

« Rapporté par des mains fidèles, sur mer et sur terre, ici repose David Livingstone, missionnaire, voyageur, philanthrope,
né le 19 mars 1813, à Blantyre, comté de Lanark, mort le

TOMBEAU DE LIVINGSTONE DANS L'ABBAYE DE WESTMINSTER.

1ᵉʳ mai 1873, au village de Tchitambo, dans l'Ilala. Pendant trente ans, sa vie s'usa en efforts infatigables pour évangéliser les races indigènes, explorer les régions inconnues et abolir l'abominable commerce des esclaves dans l'Afrique centrale, où, parmi les derniers mots qu'il écrivit, furent ceux-ci : Tout ce que je puis dire, dans mon isolement, c'est que la bénédiction du ciel descende sur quiconque, Américain, Anglais ou Turc, contribue à cicatriser cette plaie saignante du monde. »

Sur le côté gauche, ce verset de la Bible :

« J'ai d'autres brebis qui ne sont pas dans ce troupeau; elles aussi, je dois les ramener et elles entendront ma voix. »

Sur le côté droit, ces deux vers latins :

« J'aime si passionnément la vérité, que ce que je désirerais le plus connaître, ce serait l'origine de ce fleuve dont les sources sont cachées depuis tant de siècles. »

Nous ne saurions mieux terminer qu'en résumant rapidement les faits principaux des longues explorations de David Livingstone.

On sait qu'arrivé au Cap, en 1840, comme missionnaire, il employa les premières années de son séjour en Afrique à catéchiser les populations, à se renseigner sur leurs mœurs et usages, à étudier leurs divers idiomes.

Ses voyages d'exploration ne commencent véritablement qu'en 1849.

Le 1ᵉʳ août 1849, il découvre le lac Ngami, trouve le Zambèze en juin 1851, remonte ce fleuve en 1853, voit le lac Dilolo le 20 février 1854, et parvient à Saint-Paul de Loanda, sur l'océan Atlantique. Revenu sur ses pas, il regagne Linyanti, découvre les chutes Victoria du Zambèze le 17 novembre 1855, et atteint Quilimané, sur la mer des Indes, d'où, en 1856, il s'embarqua pour l'Angleterre, ayant ainsi, le premier des Européens instruits, traversé toute l'Afrique australe d'un Océan à l'autre.

Revenu d'Angleterre en 1858, il reprend l'exploration de la partie inférieure du Zambèze, découvre la rivière Chiré, le lac Chiroua, relève, en 1859, le contour méridional du lac ou Nyassa des Maravis, et, en 1863, remonte la Rovouma, où il apprend que les eaux du pays du Casemmbé ne se rendent pas au Zambèze, mais traversent des lacs en courant dans la direction du nord, ce qui lui fit supposer qu'elles appartenaient au bassin du Nil.

C'est cette hypothèse qu'il voulut vérifier à son second retour d'Europe, en 1866.

Il commença par remonter la Rovouma (1866); puis longea le Nyassa des Maravis, s'assura, en avril 1867, que le lac Tanganyka ne recevait du midi aucune importante rivière, et qu'avant de prendre la direction du nord, la Chambèze, dont il avait trouvé les sources à l'ouest du Nyassa, traversait les lacs Bangouélo et Moéro. En 1868, il explora le premier de ces lacs et arriva, en 1871, à Nyangoué, sur le Loualaba. La même année, en compagnie de Stanley, il visita le nord du Tanganyka et la rivière Roussizi. Après avoir constaté que le Tanganyka ne communiquait, du nord comme du sud, avec aucun autre lac, il se dirigea, par le sud du Bangouélo, sur le Katanga, et vint mourir dans l'Ilala, le 20 mai 1873.

En cherchant les sources du Nil, Livingstone avait trouvé celle du Congo.

Voilà pour l'homme de science.

Quant à l'homme de bien, son souvenir est vivant encore parmi les tribus africaines qu'il a visitées.

Un correspondant d'un journal anglais publié à Paris, le *Galignani's Messenger*, écrivait de Zoutspan (république du Transvaal), le 1er août 1877 :

« Dans un kraal (village) des Betjouanas, près de Christiana, un des guerriers du fameux chef matébélé Mosilicatsi,

qu'on avait amené pour me servir d'interprète, fut le premier
qui me parla du docteur Livingstone : « C'était un excellent
« père, disait-il ; il aimait les gens noirs, parlait tous leurs
« langages et les soignait dans leurs maladies. »

A Bambarré, le lieutenant Cameron reçut la visite de Moéné
Gohé (appelé par Livingstone Moïnemgoï), qui offrit, de la part
de son frère et de la sienne, l'hospitalité la plus large au com-
patriote de Livingstone, du voyageur dont la conduite équi-
table et douce avait gagné pour tous les Anglais le respect
des indigènes.

Enfin, dans une lettre du 1er novembre 1876, Stanley écrit
que « le voyageur Daoud » ou David est un personnage bien
connu entre Nyangoué et le Tanganyka. Il a fait sur les indigènes, par sa bonté et son équité, une impression qui ne sera
pas effacée avant plusieurs générations.

Nous devons à Livingstone des renseignements précieux
sur la chasse aux esclaves, sur l'anarchie et le despotisme
auxquels sont en proie les peuplades africaines, et sur le cannibalisme.

Si les forts et les bien armés ne cherchent pas toujours à
vendre les faibles et les mal armés, ils les réduisent à l'état
de serfs, ou, pour le moins, ils leur dérobent violemment
leurs récoltes. Quant à la marchandise humaine, les brigands
nommés Proutoumas chez les Gallas, Mazitous entre les lacs
Tanganyka et Bangouélo, Aïahaous autour du Nyassa des
Maravis, en trouvent toujours l'écoulement. Les Arabes sont
là pour l'acheter et pour inspirer même les chasses à l'homme,
si elles n'étaient pas dans les mœurs de ces abominables
populations.

Mais ceux qui font de l'homme un objet d'exploitation va-
lent encore mieux que ceux qui en font un article de boucherie.

Du Tanganyka au golfe de Guinée, le cannibalisme est un
fait parfaitement établi. Dans ces régions, on engraisse des

troupeaux d'hommes, comme des troupeaux de bœufs et de moutons.

Un voyageur, le colonel Long, a affirmé que « les Mittous, les Mombouttous et les Niam-Niams n'ayant, pour satisfaire leur besoin effréné de viande, aucun bétail, mais seulement des fritures de fourmis ailées, on ne devait pas chercher ailleurs les causes de leur anthropophagie. »

Livingstone n'est pas de cet avis. Il dit que les Manyémas, qui sont anthropophages, ont en abondance tout ce qui leur est nécessaire pour satisfaire leur appétit.

Un fait qu'il a noté le 24 juin 1868, et une réflexion qu'il a écrite le 9 mai 1872, auraient pu le mettre sur la voie d'une autre hypothèse.

Voici le fait :

« Six esclaves chantaient comme s'ils n'avaient pas senti leur abjection ni le poids de la fourche qu'ils avaient au cou. Je leur ai demandé la cause de leur gaieté ; ils m'ont répondu qu'ils se réjouissaient de venir, après leur mort, tourmenter et tuer ceux qui les avaient vendus. »

Voici la réflexion :

« La perspective d'être mutilés ou brûlés après leur mort est pour les indigènes une cause de désespoir, en ce sens que cela doit rendre impossible leur retour au pays natal et rompre à jamais toute relation entre eux et leurs familles. Ils sont convaincus qu'ils perdraient ainsi le pouvoir de faire du bien aux gens qu'ils ont aimés et la faculté de nuire à ceux qu'ils détestent. »

Ainsi, la mort n'étant pas une fin qui empêche l'action de la bienveillance ou de la vengeance, les ennemis doivent croire qu'ils ne seront à l'abri de ressentiments mutuels qu'après avoir dépecé et rôti le corps de leurs adversaires. Cela fait, y a-t-il un moyen plus efficace d'en achever l'anéantissement que de les digérer ?

Nous avons dit qu'en cherchant les sources du Nil, Livingstone avait trouvé celle du Congo (Loualaba). Il en avait lui-même l'idée, sans avoir pu en acquérir la certitude. Cette certitude a été fournie à la science géographique par Stanley, qui descendit le fleuve jusqu'à son embouchure dans l'océan Atlantique, ainsi que nous le raconterons dans le volume consacré aux explorations de cet intrépide voyageur.

Stanley a donné au Congo le nom de Livingstone. Ce nouveau baptême sera certainement confirmé par les géographes ; ils consacreront ainsi la gloire de David Livingstone et lui accorderont la récompense bien due à son inaltérable dévouement aux intérêts de la science et de la civilisation.

FIN

TABLE DES MATIÈRES

FIN DE LA TABLE DES MATIÈRES

TABLE DES GRAVURES

FIN DE LA TABLE DES GRAVURES

PARIS. — IMPRIMERIE ÉMILE MARTINET, RUE MIGNON, 2.